Girl, 请停止道歉！

Rachel
Hollis

[美] 瑞秋·霍利斯◎著
李思璟◎译

中国华侨出版社
·北京·

GIRL, STOP APOLOGIZING: A SHAME-FREE PLAN FOR EMBRACING AND
ACHIEVING YOUR GOALS
by
RACHEL HOLLIS
Copyright: © 2019 BY RACHEL HOLLIS
This edition arranged with HarperCollins Leadership through Big Apple Agency, Inc.,
Labuan, Malaysia.Simplified Chinese edition copyright:
2020Tianjin Friends Books Culture & Media Co., Ltd.
All rights reserved.
本书中文简体版由六人行（天津）文化传媒有限公司版权引进。
著作权合同登记号：图字 01-2020-1403

图书在版编目(CIP)数据

请停止道歉 /（美）瑞秋·霍利斯著；李思璟译
. -- 北京：中国华侨出版社，2019.11（2021.8 重印）
ISBN 978-7-5113-8027-2

Ⅰ .①请… Ⅱ .①瑞… ②李… Ⅲ .①女性—成功心
理—通俗读物 Ⅳ .① B848.4-49

中国版本图书馆 CIP 数据核字（2019）第 262547 号

请停止道歉

著　　者：[美] 瑞秋·霍利斯
译　　者：李思璟
特约编辑：张　丽　　　　　　责任编辑：黄　威
出版统筹：吴兴元　　　　　　筹划出版：六人行
装帧设计：平　平 @pingmiu　　经　　销：新华书店
开　　本：880mm×1230mm　1/32
印　　张：8
字　　数：145 千字
印　　刷：天津旭非印刷有限公司
印　　次：2020 年 5 月第 1 版　　2021 年 8 月第 3 次印刷
书　　号：ISBN 978-7-5113-8027-2
定　　价：46.80 元

中国华侨出版社　北京市朝阳区西坝河东里 77 号楼底商 5 号　邮编：100028
法律顾问：陈鹰律师事务所
发 行 部：（010）57484249　　　　传真：（010）57484249
网　　址：www.oveaschin.com　　　E-mail：oveaschin@sina.com

如果发现印装质量问题，影响阅读，请与印刷厂联系调换。

"我相信我们可以改变世界，但我们首先要不再生活在担心别人看法的恐惧之中。"

瑞秋·霍利斯总是看到女性不能实现她们的潜力。她们内心有远大的目标，却总是害怕尴尬、不完美、能力不够。

在《请停止道歉》一书中，瑞秋·霍利斯——《纽约时报》畅销书作者、市值上百万的媒体公司创始人——为我们敲响了警钟，因为她知道有很多女性被教导要用别人的看法来定义自己——不管是作为妻子、妈妈、女儿还是员工。

但女性应该学会承认她们的样子和她们想做的事。霍利斯希望世界各地的女性永远不要放弃自己的梦想，并提出了在个人发展、获得自信的道路上女性可以借鉴的方法。

最重要的是，你要相信你自己！

瑞秋·霍利斯是一个专注于帮助女性的领导者，她致力于带领女性光明正大地实现她们的目标和梦想。瑞秋用百分之百的诚意分享她的故事和原则，启发读者们去发现并采取实际措施，踏上个人发展之路。

——约翰·C.马克斯韦尔博士，作者、领导力专家

遇到了瓶颈？没有时间实现你的梦想？不敢承认你自己的

梦想？在《请停止道歉》中，瑞秋·霍利斯指出了阻止我们实现目标的陷阱、挑战和借口。她用极具新意和幽默的语气，讲述了她自己的经历和错误，为如何打造我们想要的生活提供了有用的建议。

——格雷琴·鲁宾，畅销书《幸福计划》作者

《请停止道歉》是一部可以改变人生的指导书，它教我们放弃借口，拥抱梦想，设立底线，在生活中获得真正的自信和动力。它教我们如何从"取悦别人的人生"中走出，并创造属于我们自己的生动、真实的生活。这是一本教会你掌握自己命运的必读书，我喜欢其中的每一页！

——布兰登·布尔哈尔德，畅销书《百万富翁先驱》《高效习惯》作者

阅读《请停止道歉》就像是和能够理解你内心最黑暗秘密的闺密聊天。瑞秋能帮助你忽略内心糟糕的声音，同时鼓励你相信自己真的可以做出改变，成为你一直想成为的女性。瑞秋的天赋在于让你不再为你现在的状态感到孤独和羞耻，给你提供希望，帮你计划你的未来。她的声音一直在我耳边萦绕，是我为现在的生活追求更多成就时的明灯。

——詹娜·库切，摄影师、播客主播

瑞秋是当代的奥普拉·温弗瑞，也是女性版的托尼·罗宾斯！她鼓励女性拥有更远大的梦想，并相信自己。同时，她就像是任何给孩子们提出建议的妈妈一样，让我们掌控自己的生活，并给我们提供通向成功的钥匙。她把感受、幽默和直白的对话结合起来，让我们相信并见证——如果我们愿意投入时间并虚心学习的话，就可以得到我们想要的生活。别再道歉，快去买这本书吧！

——刘易斯·豪伊斯，《纽约时报》畅销书作者

动力唤醒我们的能量，但只有动力还不足以真正推动生活向前。瑞秋·霍利斯理解这一点。《请停止道歉》把动人的启发和完美的工具、框架结合起来，让你有效地学习新的行为和技巧，创造真实且持久的改变。这是一本杰作。

——迪恩·格拉齐西，《纽约时报》畅销书作者、企业家、投资人

瑞秋·霍利斯给我们提供了启发，她正在影响整个世界。她对女性实现自我价值的独特解读，会在接下来的几十年改变人们的生活。

——特伦特·谢尔顿，作家、"戒瘾时间"创始人和总裁

瑞秋之所以是个人发展的领导者，这是有原因的。她的真实、脆弱和个人经历把她与别人区别开来。她知道如何"做到真实"，这就是"毫无歉意的瑞秋"。

——埃德·迈利特，企业家、个人发展导师、演讲者、《埃德·迈利特秀》播客主持人

《请停止道歉》是一本让人能够感同身受的宣言。每一章都像是一杯浓缩咖啡，使你拥有"能够做到一切的态度"，让你在实现目标的过程中走得更高、更远。

——阿伦·哈密尔顿，"后台资本"创始人、主管

你应该拥抱自己的伟大，而最好的指导就是《请停止道歉》。瑞秋毫无歉意，她是你需要的那个无畏的好朋友，陪你潜入未知，实现你一直想要实现的宏大目标。能参与到这场运动之中，我也很激动。

——艾米·波特菲尔德，网络营销专家

献给我的女儿诺亚。

希望你按照自己的想法生活，

不要有任何歉意。

目录
CONTENTS

序　如果……

序
INTRODUCTION

如果……

刚开始写这本书的时候，我本打算把书名定为《抱歉，才不抱歉》(*Sorry, Not Sorry*)。没错，书名是黛米·洛瓦托的一首歌①。不仅如此，也可以说正是这首歌孕育了整本书。

想象一下2017年夏末我第一次听到这首歌的场景。那是一个晴朗的周一清晨，我之所以记得是周一，是因为那天所有的工作人员一起在会议桌旁跳舞，为我们一周的启动会议做准备。

我们总在会议开始前跳舞，这可以让我们能量满满，头脑清醒。为了公平起见，每一周，团队的成员会轮流做DJ②，大家可以自行选择鼓舞人心的背景音乐。那个夏天，团队里的所有成员（除了我）都不到二十八岁。他们就像是礼盒装的巧克力，你永远不知道下一个会尝到什么口味。

那个周一，我第一次听到了《抱歉，才不抱歉》这首歌。

我对这首歌一见钟情。

如果你没听过这首歌，你真应该马上把它添加到你的健身

① 　黛米·洛瓦托（Demi Lavota）美国著名歌手、词作人、演员。有 *Sorry, Not Sorry* 等 6 首单曲登上 Billboard Hot 100（《公告牌》）前 20 名。

② 　英文全称 Disc Jockey，可以翻译为唱片骑师。

播放列表里。这首歌节奏轻快有趣，歌词不恭到挑衅的程度，在进行一组激烈的有氧运动或者竞选市长第一轮之前，这正是你需要的那种"打气歌"。

黛米唱着：她对自己的外表和情绪感到满意，过着自己想要的生活。她很抱歉，但也不抱歉。我很喜欢这种类型的歌，流行又朗朗上口，是我为自己打气、想要改变情绪时会听的那种歌。

从第一次听到这首歌后，我便沉迷了。洗澡、健身、开车的时候，我都在听它，我甚至给我的孩子们放"基兹波普儿童乐队"的版本，这样我就能一直单曲循环。我真的太喜欢这首歌了！受过基兹波普乐队折磨的父母都可以证明——循环听他们的歌堪称但丁所说的"第七层地狱"①，但这也证明了我有多喜欢这首歌。

我不停地循环，最后脑海里闪现出一个问题：我对什么事情没有歉意？

黛米用这首歌表明了自己毫无歉意地过着想要的生活，毫无歉意地对自己的外表和情绪感到满意，毫无歉意地让前任嫉妒……那我呢？生活里的哪些领域可以让我完全拒绝表达歉意呢？

---

① 但丁在《神曲》里描绘了地狱的场景。

　　我真希望我能在生活的方方面面都做到一丁点儿也不在乎别人的看法，但无论我多想为大家树立一个榜样，我都无法假装我一丁点儿都不在乎别人的看法。

　　补充一句，去年圣诞节，我感染了严重的支气管炎，只好卧病在床。我读了很多摄政时代[①]的历史爱情小说，体贴的公爵们在激情地亲吻女主角前总是会说："伊万杰琳，我一丁点儿都不在乎这个社会怎么想！"我的新年愿望就是在日常对话里用到"一丁点儿"这个词。我已经实现了新年愿望，而今天才是1月2日。太棒啦！

　　但是，和别的女孩一样，我仍然处在克服取悦别人的过程中。我尝试不去担心别人对我生活方方面面的看法，但说实话，我做不到。虽然我的职业就是给别人的人生出谋划策，但有时候我也会被他人的期望所困，解决这一困境的唯一的办法是劝自己冷静下来。

　　我在有些领域确实有所掌控，让我可以只看重自己的价值观，而不用担心别人的看法。最好的例子就是我大胆的梦想和极致的目标设定。

　　我是一个自豪的职场妈妈，我从不把精力放在购买某个基

---

① 摄政时代（英文：*Regency era*）是指 1811－1820 年英王乔治三世的儿子威尔士亲王乔治（后来的乔治四世）摄政的时期。乔治三世因精神病病情日益严重，被认为不适合统治，于是他的儿子以摄政王的身份代理统治。

于"妈妈的负疚感"所建立的特殊物品上。我敢于相信——我能为像你一样的女性提供帮助，并借此改变世界——这让我觉得自己勇敢、自豪、强大。

有时候，网上的陌生人会对我的发型、衣着和写作风格横加指责，这会让我难受，但我不会浪费生命中的任何一秒钟去担心别人如何评价我的梦想。

你可以追求自己想要的东西，这是世界上最自由、最强大的感受——哪怕没有人理解你这样做的原因。你想要成为一名三年级老师？太好了！你想要开一家狗狗工作室，专门把狗狗染成粉色？没问题！你想攒钱去奢侈地度一次假，并取一个很好听的假名字，让所有人都那样叫你？特别好！

你的梦想是属于你的，而不是我的。你不需要找任何理由，因为只要你不需要别人的认可，你也就不需要别人的允许。当你意识到——你不需要出于任何原因去向任何人解释你的梦想时，你就真的开始做自己了。

我并不是说，你要随时举着中指，把你的生活过成碧昂斯（美国著名女歌手）歌里唱的那样。我也不是说你应该尖酸刻薄，把你的目标"甩"到每个人的脸上，去证明你很重要。而是你应该专注于你的梦想，为此奋斗，不再内疚！

可惜的是，大多数人的整个人生都没有过这样的体验——女性对她们自己格外严格，通常在尝试之前就放弃了自己的梦想。

这很可笑。

人们有许多没有被开发出来的潜力，却往往不敢给自己一个机会。只要相信自己可以成功，读到这本书的女性就有潜力创办一家可以改变她们家庭生活的公司。只要相信自己，读到本书的女性就可以发明出下一个最棒的应用，设计出下一款最棒的时装，写出下一本最棒的畅销书，或者创造出令我们痴迷的美妆产品……

梦想通常都以一个问题开始，而这个问题总是以"如果……"的形式出现：

如果我回学校重新念书呢？

如果我试着做这件事呢？

如果我逼着自己跑四十公里呢？

如果我去新城市生活呢？

如果我可以改变整个体系呢？

如果老天让我想做这件事是有原因的呢？

如果我可以多赚点钱呢？

如果我可以写一本书，并帮助别人呢？

这些问题就是你打开自己心房的钥匙，它让你能够从中找到勇气，克服脑海中的所有恐惧。这些问题的存在是有原因的，它们是你的路标，会告诉你下一步应该怎么走。

如果每个女性都能听从自己的内心，并满足内心实现梦想的热情，她不仅会被自己的能力所震惊，也会让别人刮目相看。我相信，如果每个女性——如果我们每个人——都能致力于追求这些问题的答案，就会给我们周围的世界带来巨大的影响。

科学家预估我们只利用了大脑潜能的10%。我相信，我们世界中的许多女性都是没被放射性蜘蛛叮咬之前的"蜘蛛侠"（注：超级英雄电影、漫画《蜘蛛侠》中的情节）。她们之所以只能利用一小部分潜能，是因为还没有碰到能够激发自己潜能的催化剂。

只有一小部分人，他们从童年开始就被鼓励去相信自己和自己的潜力。在有利条件下长大的人，总能看见更多的可能性：从小就被灌输自我价值重要性的人，成年后更容易相信自己的能力；资源更多的人，通常比资源少的人更容易实现目标。如果你一直不相信自己，如果你没有有利条件，也没有资源，你还会相信自己能完成更远大的目标吗？当遇到挫折时，你还会坚持自己的目标吗？

如果你真的坚持了呢？如果你真的相信自己呢？如果全世界所有女性做出的决定都是为了成为她们想要成为的样子，而不是为了满足别人的期望呢？

如果世界上有25%、15%，甚至是5%的女性决定直面她们心中的"如果……"，你能想象会发生什么吗？

女性总是为自己没有变成某种样子、没有成为某种类型的女性，而产生内疚和羞愧，进而无法利用自己的潜力。想象一下，如果她们不受其影响呢？你能想象我们在艺术、科学和技术方面会见证怎样的发展吗？你能想象她们会有多开心吗？你能想象她们的家庭会受到怎样的影响吗？她们周围的人会受到怎样的影响吗？别的女性看到她们的成功，会受到她们的鼓励并因此改变自己吗？

"如果……"的革命要是能够发生，我们就能改变世界。

事实上，我相信我们确实可以改变世界。但是，我们首先需要的是不再担心别人对我们的评价。

————

我用了十二分钟的时间来思考如何轻松地讨论这个话题，但是话说回来，我们都是成年女性，我们可以承受一场真实的对话。我们可以接受在镜子里审视自己的生活，承认那些阻止我们向前走的真相。

我直说了：女性不敢直面自己。

这是真的。如果我们可以直面自己，就不会为我们真实的样子、我们想要的生活、我们为此耗费的时间而不停地道歉。

一个普通女性的人生故事是这样的：

刚出生时，你完全是你自己，因为你真实的样子并不是有意识的决定，而是直觉。你太吵了吗？你太安静了吗？你太喜欢摇篮了吗？你一个人还好吗？

你的需求很简单，你的重点很明确，你也不需要考虑该做什么，你想做就去做了。之后，会发生改变，这个巨大的改变会塑造你今后的生活——哪怕你并没有意识到这一点。

你知道了什么是期望。

你本来是一个可爱的小婴儿，但很快就不是了。你被要求做一些事：不要把奶瓶扔在地上，不顺心的时候不要尖叫，不要随便咬哥哥……从完全接受你自己的样子，到不得不满足某些期待，这一转变中发生了两件非常重要的事情。

第一，我们学会了适应社会规范。这是一件好事，因为如果你三十二岁的时候还不会上厕所，还穿着尿布，这一点儿都不可爱。

第二，我们学会了如何吸引别人的注意力。对小孩子来说，注意力就等于爱。如果之后没有人纠正你的话，你就会一直相信别人的注意力等同于爱——社交媒体就是一个很好的例子。

接下来的内容会帮你了解你认识的每一个人，甚至你自己。

当你还是一个婴儿的时候，需要别人的照顾和关心，但到了某个时间段，别人就不会将注意力统统放在你身上了，因为你已经不需要了。但你却仍然需要别人的关注（毕竟你还是个婴儿），所以你聪明的小脑袋瓜就开始尝试怎样才能够吸引别人的关注。

有些婴儿会通过表现热情来获得关注，所以他们会对此产生依赖性；有些婴儿会通过逗父母笑来获得关注，他们就学会了取悦别人；有些婴儿学会通过做能够得到表扬的事来获得关注，他们就会追求成功；有些婴儿注意到，如果他们摔倒了，伤到了自己，或者病了，妈妈会花更多的时间来照顾他们，他们长大后就可能会忧郁；有些婴儿无论做什么都得不到关注，他们就会乱踢、尖叫、扔东西，因为他们觉得生气总比被忽略好。

婴儿时期的倾向会变成童年的习惯，童年时期没有被纠正的习惯，就会变成我们的潜意识。

我知道这听起来很宽泛，但认真问问自己，你是否认识这样的成年人？你是否遇到过一个总有各种问题的人？那是因为他们的问题可以让他们从别人那里得到关注。

你是否认识一个过分追求成功的人，一个工作狂？他们总是对自己施加压力，很可能是因为他们和我一样，小时候会通过成就来获得关注，长大后也很难改掉这一习惯。

你认识不能自立的女性吗？她们总是需要别人的帮助，需要靠别人来解决问题，做每个决定前都需要咨询别人。我敢打赌，她们成长的时候肯定是被灌输了类似的谎言，或者一直不被允许自己拿主意，所以她们从不相信自己的能力。

尽管我们具体的行为会随着时间调整而改变，但我们从小就学会了怎样吸引注意力。我们小时候被教会的获取关注的主要方式——无论是取悦别人、获得成功、假装生病、发泄怒气，还是制造危机——成年后也不会有太大的变化。

我小时候总是通过成功来吸引父母的注意力。很小的时候我就知道，要想被爱，我就需要完成一些事情。我父母爱我吗？当然了。但对一个认为注意力就等于爱的小孩来说，不被注意会让她迫切地了解怎样才能获得父母的关注。

你小时候学到的吸引注意力的方式会植根于你的成长过程中，但这不是你学会的唯一一个有害内容。在懂得如何获得爱的年龄，你也学会了通过成为怎样的人来继续获得爱。

你有没有思考过，你现在的生活有多少是你自己的选择，又有多少是别人对你的期待？

我很早就知道自己会结婚生子——在我长大的小镇，我的高中女同学大多在十九岁时就有了第一个孩子——我二十四岁时有了第一个儿子——差不多算是一个异类了。

而我只不过才二十四岁。

怎么可能呢？现在回想起来，二十四岁的我真的很年轻。光是想象一下我自己的孩子在二十四岁就有了自己的小孩，我都会喘不过气来。二十四岁真的还很小，未来还有很长的路要走，还有很多东西值得一看，还不够充分地了解自己。

如果有机会重来，我应该不会改变自己结婚的时间，也不会改变自己生孩子的时间，因为这意味着我不会拥有我现在的孩子。但是，年龄越大，我越意识到，在成长中，我得到的教导是：我这一生的真实价值是建立在我能为别人扮演什么角色上的。

毕竟，做一个好妻子、好妈妈、好女儿，并不是基于你真的想成为什么样的人。

没有人会在周日教堂礼拜后说："这是贝卡，她致力于照顾好自己，她是个好妈妈。"也没有人会说："快看，蒂芙尼正在进行半程马拉松的训练，她真是个好妻子！"反正在我长大的地方是不会出现这样的对话的。

在我的家乡，要想成为一个好女人，就应该照顾好别人。如果你的孩子们很幸福，你就是一个好妈妈；如果你丈夫很幸福，你就是一个好妻子。无论是好女儿、好员工、好姐妹还是好朋友，你的所有价值实际都是为了让别人幸福。谁能成功地奉献自己的一生呢？谁还能有别的梦想呢？如果你做的每件事都需要先得到别人的认可，你又怎么能追求自己内心的"如果……"？

不难想象，为什么有许多妈妈写信告诉我，她们已经迷失了自己。当然会了！如果你的整个人生都是为了取悦别人，你就会忘了自己应该是什么样子。如果你还没有伴侣，也不想要孩子呢？这是不是意味着你根本不算是一个女人，因为你没有人可以取悦？

不，当然不是。你有自己的愿景、欲望、目标和梦想。有些愿望很微小（"我想写诗"），有些愿望很宏大（"我想创办一家市值百万的公司"），但这些都属于你，都是有价值的。

你可以无任何理由地要求实现更多，只因为这可以让你自己开心。你不需要别人的许可，也不需要依靠别人的支持去实现你的目标。

可惜，许多女性都太担心别人会如何评价她们为自己树立的目标了。所以她们会放弃自己的梦想，而不是试图去实现它。她们或者选择靠自己去独自实现梦想，但更糟糕的是，她们内心总担心自己太过自私，担心自己没有考虑别人的想法。她们生活在内疚、羞愧和恐惧之中。

"如果……"不再是她们内心的小火苗，而成为她们脑海中对自我的指责。**如果我失败了呢？如果他们嘲笑我呢？如果我是在浪费时间呢？如果他们生我的气呢？如果他们觉得我太贪心了呢？如果我放弃了和家人共度时光的机会，却什么也收获不了呢？**

如果我们保持这个状态，随处可见的恐惧就会阻止我们向前，哪怕我们只想前进一小步。我们都不得不随时担心失败，又害怕自己是个完美主义者。也许我们只是担心——别人已经实现了我们的梦想，那还有什么意义再去追求它呢？也许我们只是害怕尴尬，害怕（再一次）失败。也许我们担心自己不够聪明，不够漂亮，不够年轻，不够成熟……我们总有那么多不够的地方。

××名人说过：作为女性，我们一生都在用谎言来制造恐惧，相信我们的价值在于让别人幸福。想要实现梦想时，我们要担心很多事情，但最大的担心，是怕别人评判自己居然敢拥有梦想。

我把自己生活中的这种谎言叫作瞎扯，我也替你们这样说了。

每年开始的时候，我会坐下来想一下今年工作的整体主题。我试图给你们，给我的小团体，给在线上与我一起互动的女性们传递一个信息。当我开始写这本书的时候，我问自己，应该对作为女性、姐妹、女儿、朋友，或是单身女性的你们说些什么，我想要你们了解什么。我内心的答案就来源于我的"如果……"。

如果我能告诉你什么，如果我能说服你相信什么，那就是，你注定可以做成更多事情。你注定要拥有你害怕拥有的梦想，你注定要做你觉得自己做不成的事情，你注定要成为一个领导，你注定要做出贡献，你注定要为你所居住的社区和整个世界做出改变，你注定要完成更重要的事情……而关键在于，你认为重要的事情也许和我的不一样，和别的女性的也不一样。

对你来说，**重要**也许意味着参加一次长跑。对别人来说，**重要**也许意味着大幅度改变饮食方式，生活得更健康；也许意味着重回学校；也许意味着与无情、伤人、残忍的伴侣分手；也许意味着不再重回那段像旋转木马一样的有害关系；也许意味着对自己更好一点儿；也许意味着更多的时间和更好的休息；也许意味着控制自己的脾气，在冲孩子大吼大叫前先数到十；也许意味着控制自己的情绪，多去参加心理咨询，多喝水；也许意味着相信自己可以完成更重要的事，而不是担心别人对自己的看法。

你注定可以做出更多事情，"想要更多"并不值得羞愧。潜力存在于每个人的内心，我们的潜力就是造物主给我们的礼物。而你利用自己的潜力去做的事情，是给整个世界的最好回馈。

我能想到的最糟糕的事情，就是我们也许会在潜力得到开发前离开人世。所以，我写下了这本书，因为这是一种鼓励、一种向导，也是一阵能完全将你内心"如果……"的火星吹燃的风。

为什么？

因为世界需要你内心的火苗，需要你的能力，需要你主导自己的生活，需要你开发自己的潜力！我们需要你的想法，需要你的爱和关心，需要你的热情，需要你的商业模式，需要庆祝你的成功，需要看着你从失败中重新站起来，需要看到你的勇气，需要听到你的"如果……"

我需要你不再因为自己的样子而道歉，需要你不再因为你可以成为注定成为的样子而道歉。

————

我花了很长时间构思这本书的结构。我希望这是我能给你的最有建设性的意见。我希望这本书简单易懂，并适用于任何目标，所以我需要找到实现自己梦想的核心。

最后，我问自己，**在我追寻梦想的十五年间，哪些因素有帮助，哪些没有呢？**毕竟我不是专家，也不是教授，我也不知道别人的答案。

我来自一个小镇，我的童年充满创伤，我只有高中文凭，但我知道怎样成功地运作一家市值上百万美元的公司；我以前是一个总担心别人看法、没有安全感的小女孩，但我现在知道怎样成长为一个自信自豪的女性；我以前是一个胖子，生活方式非常不健康，会靠吃食物来发泄情绪，连上楼梯都很困难，但我现在知道怎样像马拉松运动员一样，每天早晨一起床就冲出门，准备迎接新的一天；我以前总是绝望地取悦别人，迫切地需要别人的爱，但我现在知道怎样成为一个对别人、对自己的热情、对自己的工作充满爱意的女性，而不需要用消极的方式去获得爱。

我现在在生活中成长的方方面面，都是我曾经为自己设立的目标。虽然我刚开始走上这条路时并不确定自己在做什么，但回顾过往，我可以看清这个过程中每一次成功和失败之间的共同性。

我不是专家，我是你们的朋友瑞秋。我想告诉你们的是我的经验。我试过很多方式，但万变不离其宗，实现个人小目标和职业宏大目标只需要做到三点：

1. 忘记困扰我的所有借口。

2. 尝试可以让我成功的新习惯和新行为。

3. 学习可以取得巨大进步的必要技能。

说实话，这样生活的时候，我并没有有意识地去辨识这些步骤。但现在回想起来，这些的确是让我一路走来取得成功的主要因素。

因此，我特意把这本书分成了三个基本部分。

第一部分是**需要放弃的借口**。因为如果你意识不到哪些事情正在限制你，你就永远无法摆脱它们的束缚。你也会注意到，第一部分是本书篇幅最长的一部分，这不是巧合。我们需要学习的习惯和技巧都很直接，但从我们现在的样子到我们想成为的样子之间，是各种各样的阻碍我们的借口。只要你能艰难地分辨并绕开这些借口，认清它们的虚假面容，你就可以着手去做那些让你更强大的事情。

第二部分是**应该学习的行为**。我想用一种更高级的方式告诉你，你的习惯很重要。如果你想要看到动力和结果，关键是要坚持。也就是说，你不能只把一件事情做一次或者十次，就希望这能实现你的目标。你必须让自己的行为变成一种几乎根植于DNA的习惯，你必须要让"活出自己最想要的样子"成为一种习惯。

最后一部分是**应该获得的技能**。这是每个人在实现任何目标时都应该学会的普遍内容。但这可能会让你失望，因为它们很少被视为技能。

自信和毅力通常被视为成功人士的性格特点，你或者有，或者没有，但我希望改变你对此的看法。你可以培养全新的积极性格的特点，更重要的是，如果你想要更轻松地实现自己的目标，这是你必须要做的。

这本书中有很多内容（我用了半辈子才学习到），但不要为此感到压力重重。你很强大，你很有勇气，你能够做到更多的事情。从今天开始，把意图改变的想法视为你生活中的可能性——充满可能性的生活是让你变得更好的必需品，我们开始吧！

Part 1 需要放弃的借口

借口可以有多种伪装。有人全心全意地相信自己所找的借口，他们自认为做得不够好、没时间、不是"目标型的人"。但他们没有意识到，每相信一次这些借口，不仅会让他们失去动力，也相当于还没有开始努力就放弃了。

我们不应该这样做。

你一直相信的借口有哪些？这些借口很有可能一直存在于你的头脑中，用来解释你为什么无法追求自己的梦想。我希望通过列举出最常见的借口，指出我们为什么不应该被借口操纵，这样你就可以挣脱束缚着你的枷锁。

借口一：别的女性都没这样做

我小时候长了"鲨鱼牙"。

真的，我就是那些乳牙滞留在原地的不幸的小孩之一。其他"有自尊"的门牙会自愿脱落，而它们没有。同时，我的恒牙完全不知自重，像毫不客气的远亲一样夺门而入，强占了本该属于自己的地盘。

差不多在同一时刻，我决定用爸爸的胡须剪给自己剪刘海。现在回想起来，我必须要说，当时我就知道这是一个不明智的行为。无论是当时还是现在，我都严格地遵守规矩，十一岁时用胡须剪给自己剪刘海，和用吃饭的刀叉做开胸手术是没什么区别的，我不建议大家向我学习。但那时候，刘海总是挡住我的眼睛，让我很难受。

虽然当时我很守规矩，但我同时也是（现在仍然是）一个有行动力的女孩，所以我决定自己解决这件事。老爸发现我做了什么后，就试着帮我把刘海修剪整齐，只可惜他的手艺并不比我高明，而且他还有严重的强迫症……

也就是说，他非要坚持把刘海修剪平整。为了把边缘剪齐，我的刘海被他剪得越来越短，最后的长度和眼睫毛差不了多少。结果就是，我五年级时拍的照片非常值得一看。

我提过自己剃眉毛的事吗？我那时候还不知道怎么拔眉毛，只知道自己不想要一字眉。于是，我拿着大姐的刮毛刀，从额头正中滑了下去，这似乎是正确的选择。

我很笨拙，头发乱糟糟的，体型是拉拉队队员的两倍，穿的是从二手店买来的衣服。我只想变得受欢迎，想要变漂亮，想要融入人群，但我连一丁点儿机会都没有。

小时候，你不能控制自己的长相，不能控制自己可以获得的东西，也不能控制自己是否可以融入他人的圈子。但你知道自己缺乏什么，知道自己该拥有什么。你要做的就是学习那些能融入集体的人，学习那些什么都明白的人，并发现你缺少的是什么。

在一个完美的世界里，当你意识到自己的不同时，会有比你年纪大、比你睿智的人来告诉你：要珍视自己的独特价值和内在的"小怪异"。他们与你一起散步，告诉你人生的真理，也许还会告诉你怎样把发型弄成《老友记》里莫妮卡去巴巴多斯旅游时的样子。在一个完美的世界里，他们会鼓励你做自己，同时帮助你找到增强自信的方式。

但我们大多数人都活在一个不完美的世界里。

　　我们很小就知道我们身上有什么问题。我们相信自己太胖、太丑、不值得被爱，我们也都接受了，没有试着去做什么大的改变。有些女性越来越身陷其中，另一些女性有可能会试图反抗。这个世界接受不了古怪的我？无所谓！我可以在你接近我之前先让你反感！

　　又或者，你们像我一样，在长着鲨鱼牙和留着短短刘海的年龄性格古怪、行为笨拙、长相可悲——坦白地讲，这实在是太"衰"了。

　　所以，你们在青春期开始之前，就关注其他女孩在做什么——就像《小美人鱼》里的小美人鱼只想有一次走上陆地的机会一样，你觉得你也要成为他们世界的一部分。你会为此付出一切——你的动作、衣服、外表、说话方式——你要让更多的人接受你。

　　这一过程会很漫长，但最后，我还是戴上了牙套，也学会了如何拉直头发。等我二十四五岁时，我可以扮演我的角色了。事实上，我和每一个女性一样，非常擅长于此，根本没时间思考我是否享受这个选择。等我开始怀疑自己是否喜欢已经走上的这条路时，我已经走了太远，无法回头了。

　　所以，我过上了"双面"生活。

　　我所说的双面生活，并不是"白天做律师助理，晚上做潜伏特工或者国际间谍"，而是我在过去的生活中（非常公开地）

会假装我是另一种完全不同的人。

在公众眼中，在每个社交平台上，我是一个温柔的妻子和慈爱的妈妈，一个积极的家庭厨师和食物爱好者，一个有自己博客的手工达人，一个Facebook（脸书）爱好者。除此之外，我还是一个职场妈妈，一个企业家，一个追求出类拔萃的人。

我有一间办公室。

我有五个全职员工。

我一周工作四十多个小时。

重点是，我热爱工作的每一秒。

我热爱工作的每一秒，但我从来不提，我没有在社交媒体上提过，没有在家庭聚会上提过，没有在参加我丈夫的工作应酬时提过，甚至没有在和潜在客户开会时提过。我对此完全轻描淡写。我对待真相就像挥手打死一只苍蝇一样，**我做的都是一些小事**。我把每次成功都藏在心底，甚至没有对自己承认过我有梦想。我担心别人对我的看法，我担心如果你知道我内心真实的想法，会改变对我的看法。

实际上，我有许多梦想。我想要与整个世界分享一件事，那就是女性可以改变她们的想法、她们的自尊，甚至是她们染眉毛的方式（这对我的重要性和前三者加起来差不多）。我认为如果我能做大一个平台，就能和全世界的女性分享我的想法，就能鼓励她们、支持她们、让她们开心。

　　我相信，如果别人可以用社交媒体来发小猫视频、拿铁照片、健身动态，那我也可以发一些激励的话语和积极的肯定。我相信这个想法可以改变我的公司，我相信我也可以改变世界。

　　谁会说这样的话呢？

　　我会，至少我现在会。

　　五年前、十年前，我会说这样的话吗？当然不会。我把这些秘密梦想藏得很严，这样就不会有人觉得它们奇怪，也没人会为此评价我。但是这样的话，我的梦想永远不会曝光，我也永远没有机会证明自己。我的天赋和技能会像许多生物一样，无法在黑暗中发展。

　　也许你无法理解我的做法。如果你觉得隐瞒自己的梦想听起来很奇怪，可能是因为你没在我的行业工作过，也可能是因为你没有被Facebook上的"喷子"骂过。让我来告诉你吧，要忽略人们在网上骂我的话，我需要有很厚的脸皮才行。

　　我花了几年时间准备，才有勇气公开说出我的梦想。

　　那时，我在洛杉矶经营一家活动策划公司，已经成功做了四年，我靠一己之力策划了很多华丽的聚会和精致的婚礼。但我当时的状态完全是精疲力尽的。参加一个花费上百万的活动确实很吸引人，但策划起来却很辛苦。

　　第四年年末，我不确定自己是否要继续这份工作，但我开了一个博客。那时，博客很流行，很多职业妈妈都在做这件事，所以我也决定一试。

刚开始真的很糟糕。

我在博客上写下前一天吃的晚餐，吃什么就写什么，自己都读不下去。我拍的照片看起来像是在黑暗的房间里用一次性照相机拍出来的一样——虽然事实上也相差不远。说实话，也没有人愿意看我的博客。和我的事业一样，我完全不知道自己在做什么。

但姐妹们，就算是没有经验或者知识，在你的现状和你想成为的样子之间，一旦有了决心的加持，就会给你的人生带来很大的不同！

我开始缩小博客所写内容的范围，并让内容之间更有连续性，我的博客以及我的整个事业开始有了一个主题。我想要把重点放在追求更美好的生活、更快乐的自我上。我开始有了粉丝，也积累了一些关注度，同时也收到了几份工作邀约：

你能参加当地早间新闻节目，谈谈如何进行感恩节装饰吗？当然可以！

你会考虑在博客的食谱里用××品牌的鸡蛋来赚取250美元吗？我当然愿意了！

你可以在社交网站分享的下一张图片里穿这双鞋，换来一张价值100美元的维萨礼品卡吗？当然！

类似的工作邀约很稳定，虽然收入水平和我做活动策划完全没法比，但还是有赚钱的潜力——品牌有钱要花，而他们寻找的就是我这样的人。一年多的时间里，我的博客收入缓慢但稳定地增长，我接的活动策划工作越来越少，直到完成整个过程的转变。

那时，我唯一的帮手是一名兼职实习生。当我决定全职写博客后，我知道我需要几位专业人士的帮助。我有着步月登云的梦想，哪怕我还不能告诉别人我的梦想到底是什么。过度的想象力，加上我一辈子都渴望通过成功来证明自己的价值，意味着我的梦想总是很耀眼。

你知道"要搞就搞大，否则就回家"这句话吗？我从没"回家"过。

当我决定把博客作为事业的一部分来发展时，我知道我需要帮手。我雇了编辑来帮我写作，雇了摄影师来拍精美的照片，雇了助理来打理办公室。我们的粉丝群随着内容一起发展壮大。我们工作很努力，并随时关注热点。随着粉丝数的增加，我的收入也在增加。公司依托着我的名声，也依托着粉丝脑海中构建的那个理想化的我而发展起来，这是一种很神奇的体验。

我先解释一下自己当时并不理解的明星和社交媒体红人。在我写这本书的时候，我的粉丝数刚过一百万。但在我的事业起步期，我的Facebook上大概只有一万个粉丝，而那时Instagram（照片墙）还没有面世。

　　无论如何，现在和过去，人们对待名气的方式并没有什么区别：你不了解我，你了解的只是你在想象中构建出来的我——"巨石"强森、奥普拉·温弗瑞、卡戴珊姐妹——他们也都一样。哪怕某人试图公开他们全部的生活——如偷拍、街拍等，即便如此，你也无法了解这个人现实中的样子。

　　并不是因为他们想要保持神秘，而是因为你是通过自己的视角来看待他们的。

　　比如，如果你因为我在Instagram上分享的某张照片看起来特别时尚而关注我，也许你会觉得我是一个时尚达人。如果你是因为我之前爆红的插画而关注我，也许你会觉得我是位好画手。无论你对我（或者任何你不完全了解的人）的看法如何，这与你把我们包装成什么样的人有关，而与我们真正是什么样的人无关。

　　这是完全自然的，也没有什么问题，直到你崇拜的人走出了你给他们画的那条界线。

　　对我来说，这条界线是我的妈妈身份。这也是我之前提到的双面生活所涉及的问题。

　　我有很多粉丝是妈妈（现在也是），但那时候我很少公开提到我的帮手。我并不为此羞愧，我只是专注于创造内容，而没有停下来解释过这个问题。我以为大家都知道我肯定有帮手——我每周都要发布六篇内容精致的博客文章，我还有两个小孩要照顾。我当然需要别人的帮忙了！

但不知道出于什么原因，很多人不知道这一点。当他们发现真相时，有些人非常生气，而且很粗鲁。我记得我在Facebook上谈到做妈妈的经验，我已经忘了具体聊起这个事情的契机，但当评论里有人问我怎么有时间"做这一切"时，我甚至都没想到要撒谎。

"哦，我不是一个人做这一切的，"我愉快地打字回应，"我丈夫很积极，我上班的时候，有保姆照顾两个儿子。"

没想到，网络评论顿时爆炸了：

"什么样的妈妈会让别人照顾自己的儿子？"

"只有自私的女人才会选择工作优先，而不是家庭优先！"

"整天躺在床上，靠别的女人替你养孩子，一定很爽吧。"

……

这些尖刻的回应来得又快又狠。有些粉丝因为有人帮我产出内容而生气，很多女性因为我有家庭主妇之外的工作而失望，还有人则因为我有保姆而愤怒。现在回想起来，我倒很容易理解，她们之所以把我想象成一位家庭主妇，是因为她们很可能就是家庭主妇。我们倾向于把他人想象成和我们一样的身份，而不是他们真实的样子。当我越过她们为我设好的界线时，她们就会觉得受到了欺骗。

我当时很绝望。

我无法忍受别人对我的失望，哪怕他们只是陌生人，哪怕他们只是在Facebook上给我留言。我非常痛苦。记得小时候的我吗？记得长着鲨鱼牙的我吗？在我的内心里，那个未曾改变的小女孩仍然绝望地想要找到认同感——她痛恨别人对她失望。

现在回想起来，当时我的反应确实很傻，因为我那时候已经不再是一个充满不安全感的年轻女性（感谢心理治疗）了。但我开始思考我在公开场合说的每一句话，做的每一件事。我知道有很多话题会让人生气，所以我闭口不提。

此后，工作、创业、保姆、管家、出差，这些都成了禁忌。我开始专注于别人会喜欢的内容。比如，如何整理物品，育儿建议，健身诀窍和纸杯蛋糕制作食谱等。为了公司的发展，我努力工作了这么多年，但如果你在那时问我的工作是什么，我会认真地告诉你，我"只有一个小博客"。

这个"小博客"每月有上百万阅读量和六位数的收入，但我知道博客背后的运营公司会让某些人失望，所以我从来不提。一旦隐瞒这件事，我所做的事和我的真实面目自然也就成了可耻的。这助长了我的"妈妈的负疚感"，也助长了我对如何成为好妻子的不安全感。

无论是在网络上，还是在家庭聚会中，每当有人质疑我的选择时，我从不反驳。我开始相信他们是对的，而我所做的是错的——一个好女人、好妻子、好妈妈应该全心全意地为家庭奉献。

但我不能放弃。我热爱我的工作，也热爱解决创业中的问题。这让我开心，也让我的内心充满激情，更让我觉得自己还活着。但同时，我也不希望别人因为我喜欢的事情而感到困扰。

你们有多少人也会做同样的事情？多少读到这里的人只过上了自己想要的生活的一半，或者更糟——过着自己完全不想要的生活，只因为你生活中的某个人不能完全欣赏或理解你？

我不想放弃运营一家成功公司的梦想，但我也不想失去别人的支持。我过了五年这样的生活，总是被焦虑困扰。我花费了大量的精力，终于找到了我觉得自己需要以这种方式生活的根本原因：**我更在乎别人爱我，而不是自己爱自己。**

所以我一边发展自己的公司，一边不再公开提到我的工作。我学会了不在私下里提及我的工作，因为家人总会有各种各样的问题，而且语气里充满失望。

布芮尼·布朗[1]说："羞耻源于自我，内疚源于行为……内疚：对不起，我犯了错误。羞耻：对不起，我是个错误。"[2]

---

[1]　休斯顿大学社会工作系美国研究教授。过去二十年间，她主要研究勇气、脆弱、羞耻和同情心等问题，并出版了五本《纽约时报》畅销榜第一名的书籍。——译者注

[2]　布芮尼·布朗《倾听羞耻》TED 演讲视频，20 分钟 32 秒处，演讲于 TED2012，2012 年 3 月，演讲文本在 13 秒 20 秒处，https://www.ted.com/talks/brene_brown_listening_to_shame。

我当时还不明白这句话的意思，但我确实因为自己是一个职场妈妈而极度羞耻，这种羞耻延续了好几年。那几年，我一直质疑自己，同时试图取悦别人，试图做一顿完美的家庭晚宴，试图设计精美的婴儿生日派对，只为了证明我的孩子们没有错过任何事情。

那么多年的时间里，我"蜷缩"在别人对我生活的期待之中；那么多年的时间里，我放弃了激励和帮助其他女性的梦想，只因为我担心别人的看法；那么多年的时间里，我因为自己真实的样子而道歉。

这不是口头上的道歉。我不会用语言来说对不起，正因为这样，我的道歉要痛苦得多。我为我的生活方式道歉——每次当我为出差感到羞愧，穿成某种样子，或者用某种方式说话，只为了更能够被大家接受时，都是对真正自我的一次道歉，都是一个关于删除的谎言。每次我在"我是什么人"这件事情上撒了谎，就更进一步地相信我自己有问题。

我真的以为我是唯一一个有这种感受的女性。

直到2015年，我参加了一个会议，我的生活从此被永远改变了。我在上一本书里详细描写了这次会议。我发誓，我不是一个会在新书里反复讲老故事的作者，但那次经历的重点是：我们试图减少那些阻碍我们前行的信念和谎言。我开始回想，自己童年学到和接受的内容里，有哪些仍然在影响现在的我。

剧透警告：你童年中学到的大部分事情仍然影响着现在的你，我也一样。

我成长在一个传统的家庭中。父亲工作，妈妈持家但她也工作。不知为什么，我仍然找到了一种成为"自豪的女权主义者"的方式，也就是说，我相信男性和女性应该得到同等的对待。我选择早早结婚，是因为相信我和丈夫会分担同等的负担。但要"溜回"我在其中长大的体系实在太容易了——那种体系告诉我一个女人该有的样子是什么，该有的举止是什么，她的价值是什么。

我需要先解释一下"女性该有的样子"是怎么样的。如果这本书中只有一个想法能让你细细思考，那就是：我们大多数人从小得到的教导告诉我们，女性该怎样做，男性该怎样做，这两者之间有着巨大的差异。

我现在在打字的时候，也化着完整的妆容，甚至还修了容！我之前提到过，**无论成长的地点和文化背景如何，大多数女性学习到的是成为一个好女人意味着要对别人好。问题就在于，这意味着你需要让别人来决定你的价值。难怪我认识的半数女性都深受焦虑和抑郁的困扰，在他人的想法中"窒息"。我们从小接受的教育就是，没有别人的肯定，我们自己就没有价值。**

好吧，我跑题了。

我参加这次会议得到了一个改变我生活的启示。我一直被教育要安分守己，但我生来就有一颗只做"大梦"的心。这颗心和它所包含的一切，在"我"还在成长的时候，就已经根深蒂固了。

　　我的梦想不只是我的一部分，而是我真实样子的核心。它们是上天给我的礼物，如果这是造物主赋予我的，又怎么会是错的呢？我深入分析后才意识到，当我开始担心别人的评价时，我才感觉到我想要成长和工作的欲望是错。家庭主妇可以是一种美妙的个人选择和生活激情，但这不属于我，这是别人希望我拥有的生活。这是我们的文化背景，但我并不认为这就是对的。

　　所以我开始思考：如果真正正确的事情是足够相信自己，并诚实地公开我的生活呢？如果真正正确的事情是以我应该成为的样子而自豪呢？如果真正正确的事情是在我的工作中找到成就感，不再做缩头乌龟呢？

　　我离开会议的时候，浑身充满了干劲。回家后，我变成了一个完全不同的女人，或者说，我第一次完全过起了自己想要的生活。从那之后，我的生活是自出生以后最开心、最满足、最有收获的。

　　同时，这也让我意识到了一些重要的事情：我并不是唯一一个因为我和其他女性的生活方式不同而感到羞愧的人，我也不是唯一一个有这种感觉的人。但让我能够有机会过上梦想生活的催化剂是——我接受了"放弃这种感觉"的挑战——这给我的生活带来了巨大的改变。

如果你受过我作品的影响，如果你喜欢我的上一本书，如果你在我们的会议中度过了一个改变人生的周末，如果你在我的podcast（播客）里学习到了一点儿经验，我希望你记得——如果你总是听从脑海中的声音——"别的女性不是这样的，这太大胆、太奇怪、太讨厌了。坐下来，安静点！"那你可能会一事无成。

而与想要听从那个声音的直觉对抗，是我做过的最难的事情。但正因为我这样做了，我的生活（也许也包括你的生活）才变得更好了。

借口二：我不是“目标型”

根据我的直觉，大多数阅读这本书的女性都是目标型的人——不是金钱型，而是目标型。也就是说，你心里一直有一个目标或者梦想，希望得到一些建议和鼓励来激励自己前行。但其中有些女性很有可能只是出于好奇，或者关注了我的YouTube（视频网站）频道。她们不确定所谓的目标到底是什么，因为她们不是目标型的人。她们把这归因于基因问题，有些人对“个人发展的事”感兴趣，有些人则不。她们甚至希望自己也可以成为目标型的人，但对此却不抱太大希望，因为“我就不是那样的人”。

我明白你们为什么会这么想。显然，谁都不是一出生就是某个领域的大师——没有什么是注定的。走路、说话、开车、拼写、使用电脑……这些是你与生俱来的样子吗？

当然不是，别犯傻了！这些不过是你学会的无数种技能之一。

我不是在论证你目前不是一个目标型的人，因为感知即现实，如果你相信它是真的，那它就是真的。我要说的是，你这句话里少了一个词。你**还**不是一个目标型的人。找到你的目标并专注于此，学着每天努力接近目标，这是每个人都可以完成的事情。找到你的目标需要反省和清醒的头脑，但专注和接近你想达到的目标，只不过是习惯而已。如果你还没有这些习惯，只是因为它们还没有被开发出来，而不是因为这些不是你的习惯。

梦想，是你希望自己生活中能够发生的事情，是你度过每一天时想到的事情。比如，**我希望自己不要总是这么累，我要是身材更好些该有多好，我希望自己没有欠债，我希望今年夏天可以过一个奢侈的假期，我希望我每个月不会把所有工资都花光，也许我可以做点兼职……**

因为我们的出身和背景不同，我们的梦想也和发型一样独特而多样。每个人的生活中都有梦想，但不是每个人都会承认自己有梦想，也不是每个人都会把微不足道的愿望当作一种可能性，但每一个正在读这本书的人都希望实现一些愿望。你的这些愿望就是梦想，但梦想和目标是两个完全不同的事情。

目标是穿着工装靴的梦想，目标是你决定实现的梦想，目标是你打算抵达的目的地，而不是你在脑海里考虑或幻想的主意。希望很美妙，可以帮我们保持动力，并为未来的可能性提供灵感。但我们一定要非常清楚：希望并不是一个策略。

仅仅是希望生活变得更好，希望自己变得更好，希望自己突然就有了聚焦点和动力，但实际上根本没有采取任何行动去实现——这是毫无价值的。你得为成功制订计划，你要有目的，你得现在就决定自己可以成为的样子，做到你想要做到的事情。

你得相信自己。

你得相信自己，相信自己只要做出这些改变，就能成为自己想要成为的人。在你读这本书的时候，在你试图想清楚自己想成为什么样的人的时候，记得这段旅程的起点，这是一个目标。

旅程始于你找到想要前进的方向，然后想清楚如何培养能帮你到达目的地的习惯。

在我事业发展的过去五年间，最棒的一个时刻是我和一位社区成员的一次通话。这个社区由来自世界各地的上百万名女性组成（也有几位不错的男性），我们在社交网络上互相联系。当时，我正在和其中的一位成员通话，问她参加我们第一次会议的体验如何。

那是我们第一次举办"自我提升"会议，我们真的不知道自己在做什么。我只知道我想为女性们创造一个机会，能够把大家聚在一起，听听能改变她们生活的智慧和想法，同时为她们提供一个与同类女性交流的机会。所以，我和一个勇敢来参加我们第一次会议的女性通了话，想听听她的想法。

在这通电话中，她害羞地承认，她来参加这次会议，只是希望我能给她买的小说（我写的）签名。她此前从来没关注过个人发展。

"我从来不知道我也可以有目标，"她告诉我们，"我是一个妈妈，一个妻子。我从没想过我能够只为自己做点什么。"

说实话，这让我感到震惊。因为我是一个目标型的人，我从没想过有人不是这样的。我当然知道，不是每个人都会像我一样在早晨五点就起床，但我以为每个人都该有某种期待。这一次，当她离开时，她理解了作为一个女性的自我价值不在于她能为孩子们和自己的丈夫提供什么，而在于她能为自己提供什么。她还发现自己可以有梦想、欲望、目标……天啊！这真是太棒了，我为我们的公司而自豪。

但这也让我懂得，有些人不允许自己有目标或者梦想。这让我很心痛，不是因为我的情绪过于戏剧化（虽然我确实是这样的），而是因为成长可以带来快乐。

真的，有一个前进的方向给我们提供了目的地。每达到一个新的里程碑，哪怕它再小，也能给我们提供满足和自豪感。所有的生物、关系、生意都是一样的，它们要么在成长，要么在走向死亡——就是这么简单。

如果你觉得自己的生活没有任何目标或者方向，那难怪你觉得是生活在掌控你，而不是你在掌控生活。我不在乎你是世界500强公司的CEO还是家庭主妇，你都必须要有目标。

你可以为自己设定一个个目标，比如保持身材、攒钱、买房、创业，或者拯救你的婚姻……目标可以是任何事情。你只需要知道自己应该有一个目标，哪怕你此前从没有专注于某个目标，你也可以养成习惯，你也可以成为你想成为的任何样子。

借口三：我没时间

我认为，每一个在读这本书的人都会觉得自己的时间不够用。也许你正一个人照顾孩子；也许你刚刚大学毕业，干着两份工作；也许你是一个事情安排得很满的人。真相是，无论你在哪里，无论你处在生命的哪个阶段，你都会遇到时间不够用的情况。

通常，你总会发现自己没时间去做想做的事：多和朋友见面；多和伴侣在一起；去做个按摩；不带孩子，独自一人在超市里逛一个小时，只为了能想起慢慢购物、什么也不用担心是什么感觉……

但你也有可能没时间去实现你的目标。是啊，哪有更多时间来实现自己的目标呢？你有工作、有生活，还有孩子要照顾，目标应该放在哪里呢？你的时间表已经满满当当，你又要怎样把实现目标安插进去呢？

姐妹们，真相是这样的（我已经回答过这个问题了，但答案仍然是肯定的）：你永远不会找到充足的时间去实现自己的目标，你需要把时间"挤出来"。

你需要接受的第一件事情就是，你掌控着自己的时间规划。是的，你是一位高管；是的，你是四个孩子的妈妈；是的，你是有二十七件事要做的大学生；是的，你是工作繁忙的初级助理。无论你是什么人，你都可以掌控自己的时间。

实际上，你在生活中和日历上的每件事都是得到了你的认可的。让我们好好想一想。事情太多安排不过来？那是你的问题。连吃饭的时间都没有？那是你的问题。一晚上看两个小时的电视，或者刷Instagram放松？那也是你的选择。

是的，问题永远不是"你有足够的时间吗？"问题的实质是——"你在如何利用自己的时间？"有很多女性一边做家庭主妇，一边完成了大学学业；也有许多女性一边全职工作，一边接受半程马拉松训练；还有人白天在别人的公司工作，晚上打理自己的事业——我就是如此。

从前，我在娱乐行业做协调工作的时候，我就想象过自己创业会是什么样子。我的这个梦想从来没有停止过，在Pinterest（美国的一个图片分享类社交网站）出现之前，我就会从杂志上剪下图片放在文件夹里，以备后日之用。

那时，我刚结婚不到一年，每周工作五十多个小时，所以总有很多安排。在电视上看德鲁·巴里摩尔（好莱坞著名女影星）的所有电影确实很有趣；去家具店购物，尝试重新装修我们的卫生间很有趣；在"黑安格斯"牛排馆约会，试吃各种不同的小吃拼盘也很有趣；工作一周之后，总有些事情比在家和我老公戴夫待在一起更有意思。

但随着我想要创办一家活动策划公司的梦想变得越来越强烈，我知道我得放弃些什么。辞职独自创业是不可能的，我们要靠两个人的工资才能供得起房贷，我也没有钱自己创业。我没有人脉，也没有人教我怎么做，我更没有余额可观的银行账户。

我只有时间，更重要的是，我愿意用时间来追求我的梦想。

生活就是如此。

俗话说："如果你想拥有自己从没拥有过的东西，你就得做自己从没做过的事。"对我来说，这意味着要放弃和新婚丈夫一起看电视剧，放弃周末到家具店闲逛。

从此，我开始拼命工作。起初，我去本地的婚礼策划公司实习，以此来了解这个行业。我花了上百个小时的时间，穿着高跟鞋出席婚礼和电影首映礼，只为了解我怎样才能靠自己在这个行业站稳脚跟。

除了完成我的正职，我同时在这个最艰难、最吃力不讨好的行业工作了整整一年（高端派对的策划助理），而且没有任何收入。我用在家和戴夫舒舒服服过周末的代价，换来与要求很多的客户和爱骂人的活动策划人共事的机会，只为了解我想要成为其中一员的行业。

我不想美化这件事，那一年真的很难熬。你以为我完成本职工作后不累吗？你以为我在办公室工作了十个小时之后，还愿意去参加一个怪兽新娘①的婚礼排练吗？你以为我愿意错过朋友的生日派对和舒服的周末，只为了策划一个婚礼吗？你以为我无偿工作还要被无情对待时，我没有后悔过吗？

那一年真的很难熬，但看看这帮我走到了什么位置！

我用那一年学到的知识，开办了我自己的活动策划公司，我利用这个公司开设了博客，而博客给我带来了粉丝群。后来，为活动策划的"坏女孩"们工作的那一年，成了我第一本畅销小说《派对女孩》的主要情节。在我刚开始创业的时候，我尝试着每天挤出时间，这意味着每当我想要完成一件事情的时候，我知道阻挡在我和我的新目标之间的唯一阻碍，就是我是否愿意为此找到时间。

例如，当我想写第一本书的时候，我开始每天早晨五点起床，只为了在孩子们起床之前写点东西。我学会了随时随地写作，只为了实现我的目标。我至今仍然沿用着这个技巧，现在的我正坐在多伦多机场拥挤的登机口校对这一章内容。

我花了三天时间接受媒体采访，并参加签售会。我已经精疲力尽了，但我相信这本书值得你们读，我想把它尽快地送到你们手上——这意味着我选择了牺牲自己的休息时间来完成

---

① 英文"bride"（新娘）和"Godzilla"（哥斯拉，日本科幻电影中的大怪兽）的合成词，带有戏谑意味，专指那些吹毛求疵惹人厌的准新娘。

任务。如果我想要实现一个新的人生目标，我的问题从来不是"我能做到吗？"而是"我愿意放弃什么来实现它？"

本质不在于你是否有时间，而在于对你未来的快乐而言，你的目标是不是足够紧要、足够美妙、足够必要，让你愿意放弃现在的舒适生活去实现它。

你愿意吗？你愿意放弃今天的一点休息时间，去换取明天的可能性吗？

第一步就是不再以没时间为借口。第二步是重新分配你拥有的时间，来实现你的目标。以下是具体做法：

1. 为你的每一周制订时间计划

如果你第一次和营养学家见面，他们会要求你记下每周的食物日记，这样你就可以了解自己吃的每一样食物。制订每周的时间计划也是一样，你需要记下每一周每一个小时所做的事。

我希望你能列出每一件事。最简单的方法就是打开你手机上的日历应用，记录下你做的每一件事。比如，你用了四十五分钟跑步。记下你花费的所有时间，包括准备工作、开车时间，等等。

你这周花了五十八个小时陪孩子玩"糖果乐园"游戏？我们都很佩服你，你做的简直是圣人的工作，把这个也记下来。

记录下整周的工作后，找出你可以在哪里挤出五个小时来完成你的目标。不要过度逼自己，五个小时其实也没那么长：也就是在一周的五天里每天抽出一个小时，也就是三个小时的工作加上几个三十分钟的碎片时间。

关键是，你需要马上决定自己必须每周花至少五个小时来完成目标。

如果你认识我足够久，你会知道我有一些日常习惯，用来让我的生活保持在最好的状态，我称之为"茁壮成长的五个步骤"。这五个步骤完全是用来实现目标的，它们也有另一个有趣的名字："奋斗的五小时"。

也就是说，你每周需要花至少五个小时来为自己的目标奋斗。如果你有更多时间，也要好好利用，但至少要养成五小时的习惯！

2.制订好新时间表后，神圣地对待"奋斗的五小时"

如果我打开你下周的日历，我应该看到的是，你已经为达到自己的目标安排好了所有事情。假设你告诉我，"我的目标是今年练成好身材，因为我丈夫和我一直打算一起参加半程马拉松，今年是属于我们的。"如果我现在打开你的日历，我能看到每周跑步三次的安排吗？

你会想要保护神圣的事情。想象一下，如果我问你："嘿，今天下午三点你想和克里斯·海姆斯沃斯①一起喝咖啡吗？"你肯定会同意，因为他是大家的梦中情人，他有性感的澳洲口音。

① 澳洲演员，在漫威电影中饰演"雷神"，曾被美国《人物》杂志评为2014年最性感男人。——译者注

你会把这件事添加进日历，你会雷打不动地赴约，因为日历里的这件事会让你体验到许多精彩又激动的事情。

如果别人突然问你："嘿，你能在三点十分帮我接一下孩子们吗？我知道我答应了要去接他们，但我现在脱不开身。"你肯定不会马上同意的，你不会开心地放弃约会，毕竟对方是克里斯·海姆斯沃斯——这个制订好的计划，这个对自己的承诺，是一件你绝对不会轻易放弃的事情。

无论你对未来有什么愿景，至少它应该与和"雷神"（或者你心目中的"雷神"）一起喝咖啡有同样的价值。你对此的承诺应该与和一个身材健壮的澳大利亚超级英雄约会一样，让你能够体验到许多精彩又激动的事情。

这五个小时可以帮助你做到更好的事情，如果你不能完全投入你的时间安排，并借此成为你想成为的样子，那我们现在还说什么？我们还有什么可尝试的？你的时间安排是充满了会让你的生活变得更好的事情，还是充满了能够满足别人需要的事情？

3. 确保你投入的时间是效率最高的。

早晨写作是我效率最高的时候，早晨是我能量最充足的时候，我也不会因为决策疲劳而过度思考每一件事。我可以在晚上工作，但是晚上写同样的字数需要花两倍的时间。我十分了解这一点，所以我把我的写作时间安排在早晨。

是的，仅仅挤出时间是不够的，你必须确保你给自己安排的时间，是你有精力完成任务的时候。

4. 每周制订计划

你必须要每周制订计划。每周六或周日，戴夫和我坐在一起，在日历上制订好下一周的计划。我们讨论工作会议、接送孩子的计划、健身、聚会和彼此约会的时间。我们也会重申各自要优先考虑的事项，所以，我们了解彼此的任务，也知道我们在哪些方面需要额外的支持。

生活总是充满变化，你的计划也会需要更改。至于那些神圣的时间，它们也许会被安排在不同的时间和不同的日期，这样它们才能有机会出现在你的计划中。如果等到一周过了一半才试图安排这些时间，你很可能只会去做那些你知道自己需要做的事情。你也不能在每个月初制订出一个月的计划，并希望自己能够坚持下去，因为你不是机器人。在每个月初制订计划的同时，每周也要制订计划，这样你才能坚持自己的计划。

————————

你可以挤出时间来实现自己的梦想，而且必须现在就开始。为什么是现在？因为如果不是现在的话，那应该什么时候开始呢？

我以前不化妆。

好吧，我其实也化妆，但频率很低，画得也不好。我姐姐克里斯蒂娜是一个化妆爱好者。她的头发是金色的，发量很多，眼影总是画得很完美。我本来应该向她学习的，但她比我大九岁，所以我没能赶上她的手把手教学——这也许解释了我在青春期的时候为何会认为随便涂涂睫毛膏就算是化妆了。

不幸的是，发型、化妆技巧的获得，不像买彩票的权力，不会在你十八岁生日的时候就赋予你。

我说这些，是因为虽然我是一个成年人，但我也不是什么都会。但必要性是发明之母，随着时间的推移，我学会了每天化一个"日妆"。画一点儿眼影、一点儿眼线，用一点儿遮瑕膏，抹一点儿唇蜜，这就是我每天去办公室的时候化的妆。但晚上和周末我是绝对不会化妆的！我为了特殊场合才会化妆或者卷头发，如约会或者派对。其他时候，我一般都是绑着丸子头，穿着瑜伽裤出门。

有一天，我要和朋友们一起吃饭，经过卫生间镜子的时候，我暂停了一下。我看起来不太好，但我也不想花太多时间收拾自己。我想，**和朋友们一起吃饭是否足够让我花时间化妆呢？**我几乎很快就得出了自己的答案。

"如果不是现在的话，那应该什么时候开始呢？"我问自己混乱的内心。我一直在等一个足够特殊的时刻，让我能够看上去最好，感觉最好，表现得也最好。

事实上，你不需要等待一个时刻，也不需要任何原因。**如果不是现在的话，那应该什么时候开始呢？**这句话成了我的座右铭，它能够解答许多不同的问题。

我们应该用漂亮的婚礼瓷器还是纸餐盘吃饭？

和丈夫约会时，我应该穿好看一点儿，还是继续穿牛仔裤？

我应该给朋友写点东西吗？

我应该给父母打电话吗？

我应该给邻居们做点饼干吗？

这些问题的答案都是相同的：如果不是现在的话，那应该什么时候开始呢？你可以花无尽的时间为未来的某一天做计划，但现在、今天、这一秒才是你真正拥有的，未来的某一天是没有保证的。

所以，不要等待未来的某一天了，那只是一个传说。也不要等自己有时间再说，尝试着挤出时间吧。

借口四：成功？我不够格

我在许多文章和演讲中都提过，我一直觉得自己能力不够。这个话题也让我收到了最多的反馈，所以我也知道了我不是唯一一个没有安全感的人。

对我们很多人来说，我们在方方面面都会觉得自己能力不够，我们在生活的几乎每个主要领域都会感受到自己的不足。但当我们开始努力去做某件自己不确定能不能做到的事情时，情况就完全不同了。

我们在生活的其他领域中能力不够时就已经很难了。**我不够漂亮，所以找不到对象；我不够瘦，所以不够美；我年纪还不够，所以不能做这件事；我年纪太大了，所以不能做这件事。** 我们知道自己能力不够，这种感觉已经够难受了，现在我们还要给自己制订一个目标。难道我们对日常生活的不安全感不会影响我们的目标吗？当然会！事实上，当我们准备好去实现一个目标时，我们对自己能力不足的恐惧可能会翻九百万倍。

你觉得自己整体体能不够好，你现在还想参加半程马拉松？你觉得自己在学校都不够聪明，你还想成功创业？你觉得自己不够专心，现在你还想写一本书？就是这样，你在尝试成功之前就已经下意识地觉得自己会失败。

讽刺的是，你打算尝试的这件事也许会证明，你对自己的理解是错的。如果你成功坚持跑完了半程马拉松，这会影响你对自己身体能力的看法。如果你创业成功，这会让你相信自己很聪明。如果你坚持写完一本书的草稿，这会证明你足够专心。这就好像内嵌在你心里的"第二十二条军规"——你觉得自己能力不够，反而让你不能去证明自己的能力。你还没有得到你希望得到的东西，就先决定了自己做不到。

为什么我们只在生活的某些方面有这样的感觉？小时候，你学走路会摔倒，但你不会一直躺在地上不起来，你会马上站起来再试一次。第一次开车时，你可能很紧张，紧紧地握着方向盘，双手放在标准的位置上。而现在，你可以用左膝盖掌握方向盘，同时给后座的小婴儿递奶瓶，也没有错过你一直循环播放的《爱探险的朵拉》原声带。我们小时候一次又一次地失败、滑倒、做错事、摔跤……但我们仍然坚持。但如果你去问一个第一次参加混合健身的三十七岁女性，她能马上想出自己肯定会表现得很糟糕的一百种原因。她会在自己还没意识到的情况下，不去尝试就先说服自己放弃。

我认为，这是因为你年纪越小，就越知道自己应该失败，越不会在意别人会如何看待你摔倒了这件事。但女孩们，你现在尝试做的事情是你之前没有做过的，所以应该让这些事回到"婴儿状态"——其实你并不是没有能力冲过终点线，只是还没有想好应该怎样参加这次比赛。

但我明白，因为我也曾为此困惑。让我无法追求自己生活中最重要的目标之一的阻碍，就是认为我自己不够聪明，不能去创业。或者我应该说，我一直觉得自己的学历不够高。我承认这一点的时候总会让别人吃惊，我觉得这是因为我之前就意识到了这种想法的局限性，所以我一直在努力转变对自己的看法。

要记住，每当我们觉得自己能力不足的时候，成功对抗这种情绪的唯一方式，就是用事实去反驳它。

我承认，从传统意义上来说，我确实没有接受过很多教育。我只有高中文凭，只上过一年表演学校，仅此而已。我做活动策划工作的时候，这并不是问题，因为雇我的人看重的是我的设计和组织活动的能力，没有人在乎我是否拥有工商管理硕士学位。

但过去的几年，我的公司发展迅速，也带来了更多收入和开销。你要知道，我的数学真的很差。因为我对数学领域毫无自信，所以我努力去忽略公司的财政问题。公司的收入越多，我就越难理解收支报告，它们看上去就像是一个错综复杂的预算表。

向你们承认这件事情是很痛苦的，创业这几年时间，我几乎从来没有看过公司的账本。账本带给我很多压力，我完全看不懂上面的数字。所以每当会计向我汇报账务时，我几乎从来不看那些财政报告。只要我有钱给员工支付工资，只要客户们按时付款，我根本不关心财务状况。

事实上，我的决定并不是因为我懒或者自满，而是因为我害怕。每次我看到财务报告却完全不理解的时候，我脑海里的那个声音（你明白的，就是你脑海里那个糟糕的自己，总爱指出你的所有缺点）就会列出我担心的所有事情：你不够聪明，无法运作这个规模的公司；你以为你是谁？这些人因为信任你才把生计问题交给你，而你甚至连收支表格都看不懂；你一定会失败的……这种恐惧和自我指责存在了许多年，突然有一天，我觉得厌烦了。

我当时正在看一本写得很不错的销售类作品，我学到了许多增加收入、削减经费的方式，这让我灵光一闪。但如果要做到这些事情，我就必须——真的必须——要了解我们公司的财政情况。

我马上害怕起来，但我对未来可能取得的成就所产生的激动之情远远超过了我的恐惧。我那吵吵闹闹的俄克拉荷马式家庭有一句俗话——那天早晨我坐在桌子前，突然想起了这句话。

"瑞秋，"我大声对自己说，"要么拉屎，要么离坑！"

很粗暴，对吧？当然了。但有时候，你需要听到脑海里爷爷（或任何严厉的长辈）的声音对你直接大喊，提醒你自己到底是谁。我要么继续运营这家公司，并用我的勇气、决心和信任来扩展业务，要么完全放弃。因为我对商业财务的了解不够多，我以为自己不够聪明，但这也让我明白我需要靠自己对抗这种想法，用真相去抵消其负面影响。

我一直提醒自己的真相是，以前我总能解决问题。我已经创业十四年了，从来没有在任何挑战面前退缩过。所以又能怎样呢？现在我确实已经很成功了，难道我要突然放弃吗？只因为我不确定吗？当然不会！当我用这个事情来鼓励自己的时候，我就足够清醒地问自己另一个更好的问题。我不接受自己不聪明，相反，我解决了面前的问题。我要怎样更好地了解财务呢？我能报名去上类似的课吗？

当然了！我马上提出了申请，并被哈佛大学商学院在线商业会计专业录取了。既然我觉得自己不够聪明，那我一定要申请自己能找到的最难的在线专业。我告诉自己，只要我能通过这门课，我就可以向自己——不，向全世界证明——我擅长数学了。

这门课是一场完完全全的灾难。

首先，报名费真的很贵。其次，我的考试成绩非常不错，但这只是因为我擅长学习和考试。考完试后，比起之前，我对这些概念的了解完全没有更深入。而且上课和学习太耗时间了，反而让我更担心自己是不是能够运营好我的公司，毕竟我每天要花很多时间完成作业。

我之所以讲这个故事，是因为我们大多数人在个人发展的路上都会遇到这样的陷阱。我们发现问题，我们决定解决问题，我们试图通过完全不像我们的方式去解决我们的个人问题。

比如，莎拉决定健身，就在非常昂贵的健身房办了会员卡。她姐姐非常喜欢单车课，所以健身房肯定会很有意思。哪怕莎拉讨厌和一群人一起健身，而且那家健身房需要她开车四十分钟才能到。

再比如，梅根是一个单亲妈妈，她需要多赚点钱，所以她打算把直销作为兼职。她对自己卖的产品没什么兴趣，也很害怕在一群人面前推销。但她的朋友做得很好，她觉得自己也可以做到。

又比如，你是一名企业家，因为没办法在教室的环境里学习，所以从大学退学了。你一边工作，一边通过自己的研究了解商业运作。但当你决定认真钻研时，你却觉得最好的方式是用你最讨厌的办法去学习。

朋友们，个人发展应该是你个人的事情。

个人发展并没有万灵药，你要找到适合自己、适合自己学习方式的办法，否则你就很难坚持下去。严格对待自己的目标，但要灵活地找到实现目标的方式。

莎拉会放她最喜欢的音乐，然后再接受跑步训练。她喜欢嘻哈音乐，喜欢户外运动。所以她可以选择适合她性格的健身方式，以取得真正的效果。梅根可以在她最喜欢的咖啡馆兼职，当孩子们被送到娘家时她还能多加几个小时的班。

我呢？我花了一点儿时间（和不能退款的几千美元的学费），但我最终认识到，我需要从工作中学习——我就是从工作中学习到其他技能的。我问自己，**我能读什么书吗？我能参加什么会议吗？我能雇什么人吗？我能承认自己懂什么，不懂什么，以此更了解自己吗？**

这些问题的答案都是——当然了！

如果没有下一步的计划，就去了解一个自己没有太大兴趣的话题，这是一件容易的事情吗？不是。我向大家承认我对财务知识一窍不通，我之前都是在不懂装懂，这是一件容易的事情吗？当然不是。但我还有什么别的选择吗？

我爷爷的声音又在我脑海中响起来了，比我消极的自言自语更响亮。

以前我总是能解决问题，我也总是会解决问题。所以我去工作，我在YouTube上看分析资产负债表和损益表区别的教学视频。我参加一个又一个的会议，坐下来听每一场财务报告会，哪怕这比我看着颜料变干还要无聊。

在参加一次会议时，我正好听到了基思·J·坎宁安的课程

（我写下了他的名字，万一你们也有这样的不安全感问题，想办法去听一场他的讲座）。从来没有人像他一样，把财务问题解释得那么清晰明了。我哭得像个小孩，因为我终于理解了之前完全不了解的事情。

还有谁会为基础的财务知识大哭呢？

当然是认为自己不够聪明、不能理解这些基础概念的人。

这就是我们以为自己能力不够，不能实现梦想中最疯狂的部分。能证明自己的唯一方式，就是找到怀疑的反面。如果你只是在复制别人走过的路，事情只会变得更难。你必须专注于过去适合自己的方式，并运用在新的冒险中。你还需要相信你的可能性，而不是执着于成功的概率有多大。

知识储备不够，只意味着你还有学习的空间，并不代表你很愚蠢。身材不够好，只意味着你还有锻炼的空间，并不代表你很懒。重新看一遍你写好的草稿，不要只看你觉得写得不好的地方，逼自己找到新的好的地方。不了解、不懂、不征服、不拥有、不实现你的目标，这又能带来什么好处呢？还没有发生的事情提醒我们，未来还有整整一周、一个月的时间，我们还有自己的生活等在前方——等着我们去成为我们应该成为的样子。

你是有能力的，今天的你就是有能力的。无论你现在是什么年纪，不要在还没有发生的事情开始之前就质疑自己。还没有发生的事情是你的潜力，还没有发生的事情是一个希望，还没有发生的事情让你继续向前，还没有发生的事情是一个礼物，你有动力去完成它。

对我来说，作为一名企业家，我能克服对自我的质疑，是因为我知道自己有过哪些成就，而不是没有做到哪些事情。如果你质疑自己，觉得自己不能成功，我几年前学到的一种方法也许会对你有帮助：给自己写一封信——以一种不屈不挠、从不放弃、从不害怕、相信自己的口吻写这封信。以你的内心、你的直觉，以"总能完成自己想做的事的那个你"的口吻写这封信。

在我们的会议上，每当我要求在场的女性给自己写一封信时，她们总是很疑惑。"但我没有任何成就，"她们告诉我，"我没有可以写下来的事情。"

问题不在于你没有任何成就，而在于你没有给自己做过的事应有的肯定。你应该根据事实来写这封信，戳破那些关于你真实样子的谎言。所以，如果你担心自己太胖、身材走样，那就写一封信，写下你生活中觉得自己身材很好的时候。

你小时候参加过运动吗？你怀孕过吗？你孕育过另一个小生命吗？你的胳膊太无力，画画时涂抹的颜色也不均匀吗？但你的胳膊给别人提供过多少次爱意和抚慰？你的胳膊为你的家庭、工作、艺术作品付出过多少？你以为你的梦想太宏大，几乎没有实现的可能？

　　写下你做成了别人认为你无法完成的事情的情况。

　　我要给你们分享我写给自己的第一封信，我承认，我在信里用了很多脏话，因为第一，我真的没打算让别人读这封信；第二，有时候，脏话让我更有激情；第三，我很虔诚，但我也会骂脏话。

　　但我在这里删去了那些脏话，不然这本书很可能无法在一些国家出版。这封信仍然在我的笔记本里，我没有写日期，但我知道我是在自己最不安的时候写下了这封信，我当时不停地质疑自己是否真的够聪明，是否真的能运营自己的公司。

　　最后，我以我的坚持给自己写了这封信。

亲爱的瑞秋：

　　我是你内心的坚持，这是我想让你了解的事情。我很厉害。虽然我生来就被痛苦和恐惧包围，但我找到了战胜它们的方法。

　　我提前从学校毕业，我搬到了一个新城市生活，我的工作对我的年纪来说太难了，但我接下了一份又一份艰难的工作。我写了五本书，我还会写更多书。我领养了孩子，现在一共养育着五个孩子。

　　我可以做别人无法完成的事情，没人相信我居然可以在那么短的时间做完这些事。我知道自己是什么样的人，我逼自己继续工作，我一次次地挑战困难。我不放弃，我从来不放弃。

也许你会感到恐惧，但你的生命中没有什么力量比我——也就是你的坚持——更强大。你过去的三十三年证明了这一点。

那时，这种练习对我非常有效，因为我确实没有给自己做过的事以应有的肯定，所以我需要不断地用事实来提醒自己。也许我没有接受过正式的教育，但列出来的那些事情确实是我做过的，而且我还会继续做下去。这也是我希望你们现在去做的，我希望你们这周末就去做。

我也希望你们三个月后再写一封这样的信，之后三个月再写一封。每一次，你担心自己能力不够的时候，无论这种恐惧以什么愚蠢的形式出现，我都希望你们可以用事实而不是意见来提醒自己。

对于我们大多数人，尤其是女性来说，我们从童年就有的小问题、小谎言和认为自己能力不足的想法会一直伴随我们。我们一直相信，以致于不再质疑。我们年轻的时候听到别人说了什么，情绪就会变得敏感起来。一旦有人说了什么或者刺激到了你内心的不安全感，你就用一辈子的时间来质疑自己，把别人所说的视为事实。

但疯狂的事情在于，他们说的并不是真的，只是意见而已。

$1+1=2$ 才是事实。

地球上有重力。这是事实。

水可以灭火。这是事实。

你做事的能力？这是意见。除非你自己决定这些意见是重要的，否则，无论是别人的意见还是你自己的意见，都没有任何切实的根据。所以，你正在过的生活，或者没过上的生活，其中多少问题是因为你把意见当成了事实？

能力不足的想法是站不住脚的。无论你为什么相信自己的能力不足，这都是别人对你的意见，无论这种意见是有意的还是无意的。而你接受了别人的意见，并让它们成为你生活中的教条。

我们从来没有仔细考虑过这个问题。我们从来不会想，**哦，我觉得我能力不够，因为媒体是这么说的，因为我姑姑曾经对我说过一句话，因为八年级的一个女同学这样评价，所以我相信了他们……**

你有没有想过，这样的生活方式有多不可思议——你自己选择不去实现你的目标，不去尝试，只因为有人曾经对你说过一句话。无论这些意见是来自权威专家还是只是网上的一个评论，但如果你的犹豫只是因为别人说你能力不够，那你的生活、你为自己和家人做出的选择，仍然是基于别人的意见的。

别人没有权力告诉你——你是否有能力。

别人没有权力告诉你——你应该成为什么样的人。

这个世界不能决定你能去尝试什么。

你是唯一一个可以做出决定的人。

另一方面，你也不能把你的问题都怪到别人身上。你不能说："我整个青春期都在被别人骚扰，所以我现在总是担心。"你也不能说："我父母对我做了这些事，所以现在我不能应对别的问题。"

我不是要轻视我们童年时遭遇过的创伤。我们小时候太容易因为别人的意见而改变，那时候经历的创伤会让我们非常痛苦。但问题是，高中已经结束了，初中也是很早以前的事情了。你不再是个小女孩了。七年级的经历再痛苦，你也不会始终保持那时候的心智继续生活。你现在必须掌控自己的生活，并让过去的经历留在过去，因为它们已经不再重要。

无论是你妈妈、姐姐还是高中的坏男孩、坏女孩们对你说过什么，他们已不能对你的生活提出意见。他们不是你的生活，他们不会帮你实现目标，他们也不会替你承担失败。这些都是你的。

你不能根据他们的意见生活，也不能一直责备他们。你需要找到自己的路，接受已经发生的事情。谨慎地选择你即将要走的每一步，每一步都会帮助你痊愈和忘记过去的糟糕经历。你不能总拿十五年或二十年前发生的事情当作借口，说实话，这给你带来过什么好处？

我知道，现在肯定有人正在想：**你不知道他们做了什么，**

你不知道我经历了什么！你说得对，我确实不知道。但我知道，如果你的过去对你现在的生活起着消极的影响，那么，继续活在过去对你没有一点儿好处。

你的过去让你自己感觉好一点儿吗？你的过去让你对待别人的态度更好了吗？哪怕你生活在痛苦之中，满心想着"我太胖了，我太瘦了，我太老了，我太……"这让你感觉如何呢？

这让你感觉自己一文不值。没有人会因为自己能力不足而感到开心；没有人能一边觉得自己能力不足，又一边灵感倍增，能够做出美妙的决定，每天充满热情和激情。

好在这一切都只是观念而已，你只是相信它们是真的，但你可以决定自己相信什么。如果我们是现实中的好朋友，我会晃着你的肩膀提醒你，你才是做决定的那个人。

你的过去并不能决定你的未来。

我就是证据。

而且是一个活生生的证据。

我是你们的朋友瑞秋。我经历过创伤和痛苦，我被欺凌过，我觉得自己太丑，我觉得自己没有能力。但我掌控着自己的生活，一次又一次地反抗了生活中的谎言和自我怀疑。

我已经有了能够依靠事实而非意见让自己活得更好的能力，你也可以。

借口五：我做不到一边追求自己的梦想，一边做一个好妈妈、好女儿、好员工

你可以用任何词来替换这个借口中的"妈妈"一词：妻子、姐妹、朋友，随便你怎么填空。

我恨这个借口。

这个借口真的让我很生气，不是因为你们有可能相信这个借口，而是因为我以前也相信。我喜欢工作，而我认识的所有妈妈都是家庭主妇，你知道我有多责怪自己吗？我们大多数人会因此受挫，导致我们不愿为了牺牲别人的幸福而追求任何事情。

你想去健身房，但这意味着你丈夫得照看孩子，可他不喜欢照看孩子。糟了，那你只好不去健身了。或者你想搬到一个新城市生活，但你和家人保持着亲密的关系，如果你不在附近，你妈妈就会抓狂。好吧，那你只能永远住在现在的地方了。或者你退休后想实现环游世界的梦想，但你女儿还指望着你帮忙带孩子呢。那好，你只能放弃自己梦想的生活了。

　　毕竟，他们的幸福比你自己的更重要，对吧？他们也比你更重要。做一个好妈妈、好女儿、好姐妹、好朋友的唯一方式，就是在他们有需要的时候，以他们希望的方式提供帮助，对吧？

　　女士们，你只有一次生命，你只有一个机会，你也不知道这个机会什么时候会消失。你不能把它完全投注在担心他人的感受上。

　　我不是说你要完全自私起来，也不是说你的生活只与你一个人以及你的幸福有关系。你有家庭、朋友和社群，你应该支持他们。但我认识的大多数女性会支持别人，却没办法支持自己。

　　有一天，我在和我爸爸聊这本书的事情。我告诉他，我想写一本怎样追求和实现目标的书。我告诉他，有许多女性写信问我怎样才能找到这样做的勇气。他让我告诉你们，要学会自私。

　　"你知道我上第一节博士课程的时候，他们是怎么说的吗？"

　　我爸爸总以一个问题来讲故事，因为他知道听众们不知道答案。小时候，我很讨厌这一点，因为我总觉得他在炫耀智商。但长大以后回想起来，我才明白，他从小就在教我们要解决问题，而不是等着别人告诉我们答案。

　　现在，我当然也会对我的孩子们做同样的事情。八岁的我如果知道我现在的做法，一定会皱起眉头。话说回来，那天我没法回答他的问题。

　　"不知道，老爸，他们怎么说？"

"他们说，我们应该自私一点儿，晚一点儿读博士是为自己做的决定，而不是为了别人。过不了多久，我们的伴侣、孩子、老板就会厌烦我们的课程、作业，以及写论文需要花费的时间。如果我们在梦想拿到博士学位这件事上不自私一点儿，我们就会被别人劝说到放弃。"

我假定，你生活的很大一部分时间都用来考虑别人，在意别人，做一个好家庭成员、好员工、好朋友。但我要告诉你，只要你有目标，你就可以专注于其上，哪怕这意味着你要放弃一些和你在乎的人在一起的时间。我也要鼓励你问问自己（如前一章所说），到底哪些是事实，哪些是意见。

有个众所周知的意见影响着你能做到和不能做到的事情——工作和生活的平衡——有人认为工作和生活之间可以做到完美平衡。

每一个职场妈妈都会碰到这个问题，对吧，女士们？你是怎么平衡你的工作和家庭的？这个问题很重要，而它值得讨论的唯一意义在于——知道别的职场妈妈也在为此而挣扎，这让人感觉安心。

我对这个话题有很多想法，我不介意再说一遍过去十年我在无数商业会议上说过的话：工作和生活之间的平衡是个迷思。

不仅如此，它还是一个有害的迷思。因为我不觉得真有人能做到这种平衡，但我们却很肯定，总有别的女性会做到。

有人在某个地方提到了这种可能（提醒你一下，这只是他们的意见），媒体就抓住这点不放。当我们觉得不平衡时，当我们要同时处理所有事情时，我们总以为这是因为我们没有找到工作和生活之间的平衡。在忘了今天是家长会、买错了酸奶等一堆恼人的琐事之外，这成了我们作为妈妈的另一个失败。

我知道哪些事会让女性觉得自己错了或能力不够，所以让我来解释清楚这个谣言。

关于工作和生活的平衡。这个说法描述的是工作和生活能够和谐而完美地处于你"生活天平"的两端。而实际上我的工作和家庭生活从来没有在任何程度上达到过平衡。就算是十七岁的我在家乡的三明治摊位卖三明治的时候，我也做不到平衡；或是学校有大课题要完成，我没法工作那么长时间，我也没做到平衡；又或是我争取到了周六的服务生工作机会（能拿到一大堆小费），导致我没时间和朋友一起玩，我也没做到平衡。

工作和个人生活总是在为抢占先机而竞争，因为它们都需要你倾注完全的注意力才能成功。这没有错，生活就是如此。

有时候，我儿子们的学校有活动，或者他们要去看医生，我只能放弃工作去陪他们。同样，我现在坐在家里唯一的一张桌子前（在我大儿子的卧室），而我的家人们在楼下的泳池边享受着快乐的时光。他们喝着碳酸饮料，过着最开心的生活，而我却在楼上……殚精竭虑地写这本书。

追求成为能够鼓励其他女性的作家的梦想，意味着我有时候不能享受泳池畔的亲子时光。二者是无法平衡的，我需要根据当下的需要在二者之间转换我的注意力。我相信，我们大多数人都是这样的，无论我们处于生活的哪个阶段。

我们不能总想着有人能够找到这种平衡，而忘记这件事的唯一方式，就是真诚地承认我们的生活和其中的优先事件。

我想先来讲讲……

1. 我自己

我刚开始做妈妈以及创业者的时候，从来没有把自己放在优先位置。我总是邋里邋遢地冲出门，风风火火地想要照顾到每一个人，从没担心过这会对我产生什么样的影响。

那时候的生活简直是灾难，我每年至少要大病一次；我总是压力很大，体重的问题也一直困扰着我。总之，我的生活一团糟。然后，有人告诉我，如果我不能好好地照顾自己，我就不能很好地照顾别人。

所以，我的健康和状态是我现在优先需要考虑的。我每天睡八个小时，是的，八个小时，不是六小时，也不是七小时，而是整整八个小时。我吃得很好，喝的是桶装水，过去四年没喝过一口健怡可乐。我仍然对咖啡上瘾——当然，人总是有缺点的。

我开始跑步，每周至少跑二十公里。我每周要挤出几个小时的时间做志愿者工作，因为这对我非常重要。其实，我不觉得我们的目标是要做到平衡，我们应该把自我放在重要的位置，并专注于此。这意味着你需要接受和接纳自己，意味着无论事情变得多么混乱，你都不能失去平衡。如果我把自己放在优先位置，并专注于此，所有的事情都能够顺利进行……哪怕是一小时跑一百六十公里（你知道，这是夸张的说法）！

2.我的婚姻

我确定，许多父母都会把他们的孩子放在优先位置，但我的婚姻永远是我生活中最重要的关系。戴夫和我每周会出去约会一次，我们每年会参加一次豪华旅行——最重要的是，不带孩子们！

在家的时候，我们会和三个儿子以及宝贝女儿诺亚·伊丽莎白一起玩棒球防守，所以我们经常和孩子们一起共度时光，但彼此也有成年人的空间。因为我们非常支持彼此的事业，所以总是容易忽略我们的感情——过去这些年也发生过几次这样的情况。

为了让我们的婚姻保持在健康的状态，我们同意把彼此放在优先位置。我们想要的不只是优秀的婚姻，我们想要的是出色的婚姻，而出色需要我们共同的努力。

3.我的孩子们

我有四个孩子：杰克逊、索亚、福特和诺亚。所以就算我没有工作，我也总是在忙。除了早晨的日常准备、学校接送、晚餐、洗澡、念书、睡觉之外，周末我们还要在运动比赛、生日派对之间来回跑，这就是有孩子的妈妈的生活。

但我想说的是一件我创业前两年的事情。我那时候是一个纯粹的工作狂，通常早晨八点就到办公室，也就是说我从来没送过孩子们去上学。学校里其他孩子的妈妈给我写信，指责我错过了郊游和烘焙食品售卖会，我因为这些指责而哭着睡着的夜晚已经多到数不清。

但从没有人给我丈夫寄过信，指责他因为工作而错过郊游，但这是另一件事了。大多数时候，我晚上七点左右回家，也就是说，我也错过了晚餐。那一阵，我们的安排很混乱，但这种工作量是作为企业家和运营创业公司的一部分。

有人也许会说，我失去了和孩子们共度时光的机会，我不会反驳。但我的三个小儿子见证着他们的妈妈从零开始创办了一家公司。他们也见证了我的公司越做越大，大到吸引了他们的爸爸来工作。他们见证了努力工作和坚持的意义，我也为给他们树立了榜样而深感自豪。对我来说，那样混乱忙碌的工作安排，也是一种把孩子们放在优先位置的方式，只不过我想得更长远。

4.我的工作

确实，我有时候会把大部分注意力放在工作上。我也不会假装我的婚姻、健康、以及成为自己理想中的妈妈的计划没出现过问题。现在我的工作很稳定，我也可以在工作时间内完成全部的工作。

五年来，在一名出色员工的帮助下，我不用承受所有的工作压力。我的工作当然是我优先要考虑的，但现在和过去的情况已经大不相同了。

————

要记得，生活方方面面的平衡，归根结底是一架会来回摆动的天平。有时候，你生活中的某个领域需要你更多的注意力，这没什么问题。有人曾经说过，工作和生活是可以做到平衡的，那只是他们的意见，而你，可以决定他们的意见是不是真的。

另一个影响我们对自己能做什么、不能做什么的意见，也许不一定适用于每一个读这本书的女性，但大多数人应该会有同样的体验，尤其是那些深受其害的人。我想要聊一聊这个话题，也想要女性们意识到这件事情对我们的影响。这样的话，作为一个群体，我们可以"剥夺"这件阴险的事情给我们带来的影响。

那就是——妈妈的负疚感。

你们听好了，"妈妈的负疚感"是胡扯！

如果你没有个人体验的话，"妈妈的负疚感"就是一种恶心、可怕的瘟疫，它寄居在你的内心，潜伏到你的头脑里，并就地生根发芽，除非你主动选择杀死它。

"妈妈的负疚感"会提醒你让孩子们失望的方方面面。有些女性会为自己的工作感到内疚，有些人则会因为"希望有自己的时间"或"给孩子买错了蓝莓品种"而内疚。如果你要担心的只是这些事，也许情况不算太糟，但身为妈妈，意味着你每一天都有九百六十七件事要担心。

你要负责孩子们有衣服穿、有地方住、牙齿健康、身体强壮，你还要在做出九百六十七个选择的同时自责是不是做得不够好，并希望这会让你下一次做得更好。不，这是不可能的。这只会让你更迷茫，压力更大，压榨你作为妈妈的自信。

说实话，即使是你状态最好的时候，你也很脆弱。

我已经可以听到你们对我的观点的批评了：**是你告诉我们要有自知的，是你告诉我们要诚实地对待可以改进的地方。**你们说得对。问题是，"妈妈的负疚感"与自知没有关系，"妈妈的负疚感"是一种自我毁灭。

愿意通过做出改变来取得进步，是你在生活中的任何领域获得成长的一部分。但"妈妈的负疚感"则无关进步，它反而会在大多数情况下让人感到无力。

听我说：如果这种内疚让你不好受，你的孩子们也不会好受。

我在最近的一次直播中说了类似的话，有人听到后评论说："不对，内疚是很重要的。内疚让我们知道我们犯了错误，内疚是上天提醒我们做了错误选择的方式。"

天啊。

说真的，有很多瞎扯的话都打着"上天"的旗号。

我不在乎你信什么，但你的内疚和羞耻与造物主没有任何关系，你的内疚和羞耻是别人教给你的。也就是说，你之所以感到羞耻，是因为你学会了因为这些事情而感到羞耻——无论是你的家人还是生活中对你影响很大的人，他们内疚的事情也是你所内疚的事情。

"妈妈的负疚感"只会让你质疑自己做过、正在做、未来打算做的每一件事情。你看的每一篇文章、每一本书、每一个电视节目都提出这样的建议或者那样的推荐。别的妈妈只喜欢这个名牌或者那种风格，而上天不允许你的育儿方法与你小姑或者你丈夫的不同。

别信这些！

首先，要知道你已经做得很好了！你现在感觉内疚，说明你在乎孩子们，你也尽力了。但哪怕你已经尽了全力，你也不可能永远成为梦想中的那种妈妈。

今天，我正在给诺亚圆乎乎的脸蛋涂防晒霜，她往后摔了过去，后脑勺磕在了木地板上。她哭得仿佛是世界末日到来一般。我给她涂SPF90+的防晒霜是为了保护她，结果我却让她穿着泳裤摔了一跤。我已经尽力了，但我仍然做得很糟！生活就是这样！做父母就是这样！又没有法律规定父母必须是完美的。

　　小时候，我们不系安全带，就在旅行车后座滚来滚去，没人在乎儿童座椅或者驾驶安全。如果你要和我一个朋友的妈妈聊怀孕时的注意事项，她会笑着回应你，冲你的方向摆摆手说："亲爱的，那时候可是20世纪60年代。我怀孕了三次，怀孕的时候每天都喝一杯马提尼鸡尾酒。"

　　我的意思是，那时候的情况可真像糟糕的《广告狂人》的①剧情啊。

　　我们都尽力了，为自己的尽力而自责并不会让你下一次做得更好。比起这个月，你下个月一定会是一个更好的妈妈。五年后，你只会做得更好。二十年后，当你给新妈妈们讲你对孩子们做过的野蛮行径之后，她们可能会被吓到。

　　同时，你未来生活中的所有领域都可能有所改善，包括做父母。但我向你保证，你现在折磨自己是没用的。

　　实现自己梦想的同时又照顾好别人，这是可能的。你可以既是一位出色的妈妈，也是一位出色的企业家；你可以既是一位出色的妻子，也经常出去和朋友们聚会；你是可以兼顾两件事的；你可以决定你要专注于成为自己想成为的样子、做你觉得最重要的事情，同时忽略别人对你提出的意见。

---

① 　2007-2014年播出的一部美剧，讲述了20世纪60年代一家广告公司的故事。——译者注

　　不要跟随潮流，迫于压力或内疚，认为你自己必须要成为这样或那样的人。也许这对别人来说是真的，也许这只是他们的意见，但只有你能决定什么最适合自己。

借口六：我害怕失败

八十五万人见证了我的失败。

我就直说了，因为我知道对大多数人来说，在一小群人前失败都是很可怕的。八十五万人，他们看着我设立了一个目标，看着我公开谈论我有多想实现这个目标，然后他们看到了目标没有实现后的灾难。

事情是这样的。

和大多数自信的美国作家一样，我一直梦想着写一本能跻身于《纽约时报》畅销书排行榜的畅销书。如果你不知道这是个什么概念的话，那我告诉你：登上《纽约时报》的畅销榜，就意味着你可以成为出版界的"独角兽"。

我记得有段时间，榜单是完全按销量来排名的，不过后来评判标准变得更模糊了。除了在《纽约时报》工作的人外，没有人能告诉你如何登上畅销榜。我猜，登榜应该和销量、宣传、曝光度及某种仪式性的"牺牲"有关。

我的上一本书《女孩，醒一醒》是我出版的第六书，我知道这是我登上畅销榜的最好机会。我补充一句，我知道一个榜单并不能定义我的作品或我本人的价值。事实上，对有些人来说，这是一个很疯狂的目标。毕竟，写作的意义在于写的过程，在于喜欢这本书的女性，在于能够首先写出一本书来。但我们都会有只有自己才知道的梦想，只有自己才理解的希望。对我来说，这就是成为一名《纽约时报》畅销书作家。

过去十五年里，我每一次吹灭生日蜡烛时，许的都是这个愿望。我对着星星许愿，吹散一株蒲公英的时候，脑子里也只有这一个希望。我的出版事业并不是完全一帆风顺的，虽然每出一本书，我的粉丝群就会壮大一点儿，但我打心底里需要得到认可。比如，有人说：**"嘿，出版界之前告诉你没人会买你的书，抱歉，这种说法给你带来了困扰。你实际上是一个很不错的作家！"**

话说回来，这个梦想在我心里扎根了很多年，但我从来没有和别人提起过，因为我不想让任何人知道，更不想让他们因为我没有成功而评判我。但这一次，我决定让每个人参与到我的梦想里来，我决定在网上写出我这个长久以来的愿望（那时候，我的粉丝群包括世界各地的八十五万名女性）。

我当时想，如果成功了，我的胜利也有她们的功劳，毕竟她们一直支持着我。如果我没有成功的话，那我们就都上了一课。

关键是，公众人物永远不应该说出自己的梦想。如果你的希望和梦想只存在于自己的脑海里，或者只有少数你信任的人知道，那就没有人会因为你的失败而失望，因为他们一开始就不知道你的目标是什么。这个策略也意味着，大家会为你的任何成功而感到惊奇和开心。他们永远不知道你做了什么，所以任何成就都像是一个愉快的巧合，像是命运又对你微笑了一次。

但我个人觉得这种策略不够诚实，像是在伪装一切。我正在告诉你们要有勇气、勇敢、做大事、敢于追求未知的可能。我正在告诉你们失败并不重要，他人的意见和你无关，但同时我要把我所有的梦想都保密吗？这太虚伪了。

我试图告诉你们我正在经历（和经历过）的一切，因为我觉得伪装对我们都没有帮助。《女孩，醒一醒》这本书让我做了一个作者绝对不该做的事——我说出了我的目标。

这本书出版四个月前，我告诉所有人（所有人是指在社交媒体上关注我的人），我一直梦想成为《纽约时报》畅销书作家。这是我的第六本书，我的梦想也延续了很多年，所以我说了出来，而且说得很频繁。

这件事让世界各地的女性都加入了进来。这不只是我的梦想，也让许多人因为我而振作起来——你们和我一起孕育了这个梦想。

灾难的一天如约而至。那天是情人节，我的书出版了整整一周，不幸的是，那天还是我丈夫的生日。下午的时候，我发现我的愿望落空了，《女孩，醒一醒》没能登上《纽约时报》的畅销书榜单。

我不仅非常难过，而且格外尴尬。我觉得自己让粉丝们相信了一个我无法实现的谎言。我太绝望了，哭得像个小孩一样。接下来的几天，我也过得混混沌沌。但我很快得出了一个结论：虽然我的失败让我难过又尴尬，但我不会放弃我的目标。

我每天坚持在社交媒体上告诉别的女性要追求她们的梦想。我醒来就做直播，告诉你们目标是重要的，也是值得去实现的。我一遍又一遍地写道——失败是我生活的一部分。失败意味着你还活着，意味着你还在努力。如果我自己的生活中不贯彻这样的信念，我算是什么样的朋友啊？

我说出了我的目标，说出了我宏大、疯狂、大胆的梦想。我告诉了八十五万人我的目标，她们见证了我的失败。但事实是，如果你的目标是你可以做到的事，那你每一次都可以实现自己的目标：你永远不会做到更高、更大、更好。但如果你的目标更远大一点儿，哪怕你失败了，你也能比自己想象中飞得更高。

我希望自己能飞起来，我也希望有梦想，但我更希望自己一次次脸朝下摔倒时，却仍继续告诉你们我的目标。因为我希望如果你见证了我在公众面前失败但又一次爬起来前行时，那你也会为你自己考虑"**如果……**"

如果你参加马拉松呢？

如果你重回学校念书呢？

如果你开一间烘焙店呢？

如果你辞职呢？

如果你开始上嘻哈舞蹈课呢？

如果你去参军呢？

如果你开始写书呢？

如果你开始做播客呢？

……

你有梦想，我知道你有。我也知道，很多人因为担心别人会看见自己摔倒而选择放弃。让他们看到你摔倒！让他看到你的决心！让他们看到你的错误！让他们看到你的疏忽！让他们看到你一次一次又一次地掸掉身上的灰，继续前行！

你知道在过去十四年，我在创业和追求梦想的过程中失败了多少次吗？你们肯定不会记得，但我永远不会忘记这一路走来我得到的每一个经验教训。年轻的时候，我总以为未来我会有足够的经历去避免一切失败。我那时候真是天真啊！我目前的成功只会让我的失败范围更大，也更公开。

记得我那次在意大利正式让我的"时尚网站"上线吗？

记得那次我的员工偷我的钱，我却完全不知道吗？

记得那次我在奢侈的礼物篮里放了花吗？事实上，既没有人想要花，也没有人想要礼物篮。

我的失败可以列出数米长，我也非常清楚这耗费了多少时间和金钱。但关键是：每一个错误都让我从中学到了东西，让我之后不会再犯同样的错误。知道自己可以从失败中吸取教训，这让我不再为自己的失败而难过。

是的，我可以更快地爬起来，同时变得更有决心。一个可以让你从中学习的错误，才能让你变得更出色。只有你不敢直视错误，只有你不敢继续向前，才是真正的失败。

如果你不敢继续向前走，你永远都无法到达终点线。

《女孩，醒一醒》出版十周后，不可能（也许不是不可能，只是我不敢相信）的事情发生了：《女孩，醒一醒》（57名）登上了《纽约时报》畅销榜！

出版社打电话告诉我这个消息的时候，我真的跪了下来——我太震惊了。我给还在上班的戴夫打了电话，让他的助理把他从一场会议中叫了出来。

"我登上畅销榜了。"他回我电话时，我小声说。

他的尖叫和欢呼声打破了我知道这个消息时给自己套上的伪装，我哭得像个孩子一样。那晚我们回家喝了点小酒，这一刻，我们已经计划了十年了。十年前，有人送给我们一瓶价格昂贵的"唐培里侬"（Dom Perignon）香槟王，奢华的外包装让我觉得这瓶酒应该留到用来庆祝特别的时刻。那时候，我想象着自己最大最高级的梦想，并在瓶口用胶带贴上了我的目标："《纽约时报》畅销书作者"。

这瓶酒在我们的冰箱里放了十年。它跟着我们从第一间公寓搬到待修廉价房，又搬到现在这间我写了所有作品的房子里。瓶子上沾满了灰尘，塞进过柜子的最深处，还在我们的啤酒冰箱的保鲜层里待了五年。疯狂的是，我给这瓶酒贴上目标的时候，我还没有写过一本书，距离我第一部作品的出版也是五年后的事了。

我从十一岁起就梦想着成为一名畅销书作家，我在过去的十年一直想象着打开这瓶香槟的情景。那晚，我们喝了那瓶酒，酒的味道因为时间也变得更甜了。因为我为了追求这个目标而经历了一次又一次的"失败"，我反而感觉更好了。如果我没有公开地说出自己的梦想，如果我不愿意让公众见证我失败的一百种方式，如果没有这些年的积累，我永远也不会获得任何成就。

我感激自己的失败，感激自己用了十四年才让事业走到现在这个位置。我感谢自己写的每一本书都比前一本好一点儿——虽然没有一本书让我一夜成名。我的写作事业和创业差不多，像是一个滚下山的雪球。直到最近，这个雪球才有足够的速度震动大地。

我感激自己住过的小房子，它们教会我如何成长。

我感激路上的每一次失误，它们教会我怎样奔跑。

我感激每一刻的不安全感，它们让我从经验和学习中获得了受益一生的自信。

如果成功来得更快更容易，我也许会认为我的成功来源于运气或者与生俱来的技能。而我走到这一步经历了许多困境，也让我更确认一个事实：如果我愿意为之努力，我就可以做到任何事情。不是因为我格外有天赋，而是因为我专注于改善自我。

姐妹们，不要害怕失败。你们应该害怕的是——因为担心别人对你的评价而做不成任何事。

借口七：已经有人做过这件事了

我们总做这样的事：我们看着别人的生活、工作和Instagram主页，他们的成功让我们不愿意为自己追求任何事情。我们不再写书、不再创业、不再设计应用、不再创立非营利组织……因为已经有人做过这些事了。

已经有人做过这些事了。

确实如此。但是，姐妹们，所有的事情都已经有人做过了：接吻、约会、结婚、画小猫眼线、白色牛仔裤……说实话，任何听上去又有趣又酷、任何你可能想尝试的事，都已经有人做过了！所以，为什么我们不去追求一个远大的梦想呢？

因为我们需要一个借口。

要知道，这章的标题不叫"可以绕过的障碍"，而叫"需要放弃的借口"。已经有人做过你梦想要做的事，这不应该成为一个阻碍，反而可以证明你的方向是正确的。

你看，苏西已经在网上卖自制的彩虹杯垫了，这证明在网上卖手工制品也是可以提供满足感和乐趣的。

　　你看，你的表妹艾米丽已经在珠宝直销公司大赚一笔了，这是不是意味着拥有自己的社群和兼职收入是一件好事呢？

　　但你认为别人的成功和创意不是一件好事，也不认为这证明为自己的生活树立目标是有价值的。相反，你觉得这是一场竞赛，而你完全不愿意尝试，因为你担心你没有别人优秀。这虽然与你总认为自己的能力不够有一定关系，但依然是一种不健康的对比。

　　女性经常发给我的信息中，有一种是："我喜欢你的书，我也想成为作家，但我永远无法和你写得一样好。"或者："我一直想公开演讲，但我没你优秀。"

　　女孩们，不要把你的起始状态和我的中间状态作比较！最好不要和任何人比较。你正在读的是我写的第八本书，我不是说这本书可以拿去参选普利策奖，但和第一本书比起来，我的写作技巧已经有了翻天覆地的进步。

　　你有没有觉得我的Instagram主页很好看？往前翻几年，看看我刚开始寻找个人风格的时候吧，我努力让自己拍照时不像个机器人。你觉得我是个很好的演讲者？去看看我YouTube上的旧视频，那时候我在"学前儿童妈妈协会"和当地的养老院结结巴巴地演讲（我不骗你）。

　　我特意把我Instagram主页和网站上的旧内容保留下来，因为如果有一天你掉进互联网兔子洞，发现了我的原创作品，我希望你看到我的进步。我并不是一觉醒来就获得成功的，你用来比较的那个人也不是。因为你觉得已经有人做过这些事了，就轻而易举地选择放弃。当然已经有人做过这些事了，但你还没有。

有一句中国谚语说："种树最好的时机是二十年前，其次就是现在。"你可以继续说服自己放弃梦想，但你也可以决定梦想比借口更重要。

这不是你是否可以做好一件事的问题，因为你可以学习几乎任何事情。问题在于你是否足够谦虚，直到你变得更好。写作、演讲、摄影、舞蹈或者任何事情，都是随着时间才能学习和进步的。但如果你不开始的话，就永远不可能变得更好或者最好。

我们不知道你是不是可以演讲得和我一样好、写的作品和布芮尼·布朗一样好、摄影像詹娜·库切一样好。姐妹，我们不能决定你是否能冲过终点线，因为你都不允许自己参赛！

你说服自己放弃还没尝试的事情，因为你觉得自己比不上那些已经做过这些事的人。但这个借口与你本身的技能无关，而是源于你的恐惧。这种类型的恐惧有多种多样的形式，听我来列举一些可怕的事实。

你害怕失败，因为……你从来没做成过某件事。你不用害怕。你一定会失败，所有人刚开始都会失败。因为如果你非常擅长追寻梦想，你身边总有细心的、饱经风霜的长辈很早之前就会发现了。如果没有，你一出校门也不会马上变成完美的人。太棒了！你也不需要有马上变成一个完美的人的压力，所以你可以享受当下，变得更好。你改变自己的潜力是无限的。

你害怕失败，因为……你做任何事都会失败，这件事又会有什么不同呢？我的天哪！你就是这么和自己说话的吗？真的吗？首先，别这么想！你很漂亮，你值得拥有美好的事物。其次，去看我的上一本书，里面讲了那些正在摧毁你的事实。这种想法会让你崩溃，但它并不是真的。如果你自己都不相信这一点，别人也不会相信的。在你尝试实现一个新目标之前，你必须要开始改变和自己对话的方式。首先学会好好爱自己，给自己应有的功劳，然后再去实现别的想法。

你害怕失败。至少如果你不去尝试，那么没人——尤其是你自己——会知道你的失败。剧透警告：如果你是一个什么也不擅长的人，你绝对不会有这种想法。这是完美主义者才会有的想法。说实话，这个借口是没有说服力的。你有那么大的潜力，却因为你觉得自己可能不如想象中优秀而白白浪费了你的潜力。不要对自己这么严苛！如果你试着接近目标，也许会失败一段时间，但不会一直失败。你会继续努力变得更好，甚至不需要咖啡因的帮助。

听着，这个借口的讽刺之处在于：就算你强迫自己去面对失败，你以后还会一直遇到失败的。我们在个人发展或者实现目标的路途前段，总会对"如果我们成功后会发生什么"有着不切实际的预期。比如：只要有勇气做这一件事，那么在所有往后的日子里，不安全感和犹豫不决对你来说就是战无不胜的了——事实是，每一座你打算翻越的大山，在你之前已经有人成功地翻过去了。

是的——每，一，座，新，的，山。

也就是说，当你实现面前的目标，当你已经爬上山顶时（我会一直用这个比喻的），你会发现不远处还有另一座大山。而且，你会发现你刚刚爬上来的山，只不过是更高大、更壮美的大山山脚。个人的目标是无限的，而且会让人上瘾。只要你实现一个目标，你就会开始思考你还能做到什么。

答案是你想做的任何事情。

但首先，你要克服的是和他人作比较，因为如果你不能克服恐惧，担心自己做的没别人好，你就永远也不能成为别人的榜样。

————

校对这本书的时候，我正在准备做一件已经有很多人做过的事情，我也没有任何资历去做这件大事——从现在开始的一个月后，我们拍摄的一部关于女性会议的纪录片将会在北美影院上映。

　　我不是电影人，也不了解电影行业，我们开始接手这个项目的时候，我根本不知道怎么去完成它。这是我们尝试过的最宏大的事情，而且它会被保存成影像资料，先是在影院，然后会登陆流媒体。

　　我们面临的压力确实太大了。不仅如此，这个行业有许多专家，有时候甚至连他们也会失败，我怎么会觉得我们有可能成功呢？说实话，我并不是因为想成功才做这个项目的。我觉得如果把重点放在这部纪录片能否赚钱上，我就会担心我的资历不够。事实上，激励我试着做这件超出能力范围的事情的原因，就是你们。

　　我们去年计划会议的时候，我收到了上千份邮件和私信，都是女性说她们真的很想参加"上升会议"，如果有机会成为一名观众的话，这对她们意义重大。问题不是她们不想参加，而是她们的财务状况不允许。参加一场会议需要旅费、住宿费和门票，而租下一个巨大场地的费用也是很昂贵的。许多女性没有这样的预算，我记住了这一点。

　　近十年来，我创作的内容几乎都是免费的，想到你们没有办法参加我投入了如此多热情的事情，让我觉得很难受。于是，我花了几个月的时间找到一个方法，让女性们能以合理的价格感受这场会议和个人发展的魔力。

　　有一天，在电话会议里，我偶然听到了"活动电影"这个概念，也就是把活动直播视频（比如芭蕾表演或者贾斯汀·比伯的演唱会）在电影院内上映一段时间。我想，**天啊，如果比伯可以这样做，我也可以**！我问了自己一个"**如果……**"的问题。

如果我们把"上升会议"拍成电影呢？

如果我们可以找到人合作，帮我们促成这部电影的上映呢？

如果我可以给我的粉丝们提供一个机会，让她们在自己的社群内开展一个"女性之夜"活动呢？

我希望你们能够理解这个想法有多疯狂。我们不知道怎么拍电影，也不知道怎么让电影上映，更不知道这两者之间究竟需要多少步骤。我们是最蠢的那类人，甚至不知道自己究竟不了解什么。

但是，我没有浪费时间去担心我们了解得不够，说实话，我也根本没想到谁能把这件事做得更好，更没有担心这部电影会收获怎样的评价。我只关注我自己，我只关注我内心的问题。我的问题是强大的，我的问题让我有足够的热情去想清楚该怎样做这件事。

如果你发现自己担心有人已经做过这件事了，你应该换个角度想一想这究竟算不算坏事。如果已经有人做过这件事了，你可以仔细研究，并利用他们的经验作为向导，测试你的想法。你可以把他们的做法和你的问题结合起来，创造出非常棒的东西。

借口八：他们会怎么想？

我开始打拳击了。

我先澄清一点，我并不是在24小时健身房打拳击。在健身房打拳击并没有什么错，我只是想说明，在健身房把拳击风格的锻炼作为核心训练的一部分，和在又脏又臭的拳击房听着金属乐队的重金属音乐把拳击作为一种运动，这二者是有区别的。

我只参加过几次训练，现在，我已经知道了这项运动的要求。我要说的是，我的教练的工作就是教真正的拳击手如何打拳击，而我接受的也是真正的训练。

我去的这家拳击馆非常"硬核"，训练非常辛苦，我总觉得我要死了，或者要把早餐时喝的奶昔吐满拳击台。我融入不进去，想想一个全是弥诺陶洛斯①的脏兮兮的房间吧，而我的身高只有157厘米，顶着一头乱发和过分夸张的假睫毛。

但三十五岁、有四个孩子的我选择站在那里，尽最大的努

---

① 希腊神话中的牛头怪。——译者注

力不让我的教练打到我，或者一脚踢到我头上。我并不是很擅长拳击，而且我也没看过任何拳击比赛，所以我不知道这个目标究竟会给我带来什么。

为什么我还要学拳击呢？为什么我要继续接受训练，试着打败那些比我强好多的人？为什么我要去一个我无法融入的地方学习自己不擅长的技巧，而别人只是看着我、评判我，就得出他们自己的结论呢？

因为打拳击让我开心。

我喜欢听着杰斯[1]的歌锻炼、打拳，像假小子一样反戴着帽子。我爱拳击，我也喜欢强迫自己去尝试新的事物。关键的是——我不在乎别人会怎么想。

也许你读到这儿的时候会想：**好吧，这有什么呢！你很喜欢你的拳击健身房，我却不知道这怎么会让我有勇气开始作为婚礼摄影师创业！**

是这样的，世界上有两种人。一种人不会评判别人，无论你做了什么，他们永远不会贬低你；另一种人总是评判别人，他们是混蛋。这些浑蛋可能也有他们自己的问题，但无论如何，这种人总是会评判你的行动。既然如此，你还不如过自己想过的生活，你还不如坚守自己的内心、坚持你重视的东西，别在乎别人

---

① 美国非裔说唱歌手。——译者注

怎么想。

　　每周的周一，我的孩子们要上空手道课。其他时候，他们还要上棒球课、钢琴课。我们可能要去为学校音乐剧试镜；我们可能要在外面聚餐，支持家长教师协会；我们可能要和别的小朋友一起玩，或者要去看牙医，或者要去（第一百万次）给每个孩子理发。有了四个孩子之后，每天要做的事情太多了，无论我怎么努力，也不能记得住每件事。

　　例如，昨天幼儿园负责人给我打电话，告诉我福特是（幼儿园所有新生中）最后一个还没有提交所有手续的小孩。

　　朋友们，我都不知道她说的是什么手续！

　　让我们回到空手道课上来。空手道课一次两个小时（不包括开车的时间），我的小儿子先上一节课，然后我的两个大儿子再上一节课，他们都在努力进阶到下一个颜色的段位。这两个小时正好是在工作日的下午，我本来应该工作的。但是，我希望儿子们能够学点儿很酷的东西。

　　所以如果可以的话，我会提前下班，送他们去上课。然后我会坐在周围全是水瓶和人字拖的蓝色地毯上，打开电脑开始回邮件，校对周五要交的书稿，或者确定我们直播活动的时间安排。

　　毫无疑问，其他父母会盯着我看。

　　也许是我太自以为是了，也许他们盯着我是因为喜欢我的电脑保护壳，也许是因为我那天的头发梳得很好看。但我的猜测是：他们盯着我，是因为我本来应该全身心地看着孩子们学习前踢脚，而我却在工作。我内心自然也有一些不安全感（担心别的妈妈如何看待我的育儿风格），便考虑把电脑收起来。

这是一种权衡取舍，也许，特殊待遇才是更合适的词。

许多职场妈妈希望自己能陪孩子们上课，哪怕这意味着她们的孩子们正在跟着《精灵宝可梦》（日本系列动漫）的背景音练习空手道。我能有这样的经历是件多好的事呀！可我还得做表格，所以我没有把电脑收起来。

我提醒自己，这能让孩子们知道努力工作和奉献究竟是什么样的。我提醒自己，等到他们成年的时候，他们永远不会认为女性不能创业和运营一家公司，因为他们知道现实是什么样的。

我是孩子们唯一的妈妈，如果不能"多线工作"的话，我真的不知道怎样才能让我们对一切都满意。所以我不会教他们在追求梦想的同时还为之羞耻。如果我不希望他们成年后有这样的想法，我现在就要纠正他们的行为。

我不能去担心别的妈妈怎么看待我的育儿方式，你也不应该担心别的妈妈、你的亲戚或者家长教师协会怎么想。作为一名职场妈妈，你能做的只有拼尽全力；作为一名刚毕业的大学生，你能做的只有拼尽全力；作为一名刚离婚的中年人，你能做的也只有拼尽全力；无论你在人生的哪个阶段，你能做的只有拼尽全力，别人对你做的事情、做事的方法的意见……都与你无关。

你们明白的，朋友们。我知道你们明白的！所以，为什么你还要把梦想藏在心底，而不是用手把它捏塑成型？你之所以还没有实现自己的梦想，并不是害怕失败，而是害怕别人会如何看待你的失败。

你总是在乎别人的意见？如果你的答案是肯定的，你就是在放弃自己的能力。

学校里别的妈妈的意见？拳击馆里其他大块头的意见？互联网上陌生人的意见？我父母的意见？甚至是我粉丝们的意见？只要我开始看重他们的意见，我自己应该重视的事情就会偏离位置——当他人的期待开始影响你的行为时，你就输了。你会失去你所有的希望、梦想和你的自我。

你希望今年能够让自己有所进步，并树立更大、更长远的目标吗？不要再去考虑"他们"对你的看法，不要让别人的意见决定你的能力。

当我说出类似的想法时，总有人回问我关于责任的问题：如果我们得不到别人的反馈，我们是否还能保持诚恳。

首先，你能够明辨是非，知道什么是对的。你的直觉告诉你，你最好的样子、最好的生活是什么样子的。你也许还没有到达那样的状态，但你知道那是你要为之奋斗的，千万不要低估这一点。

如果你真的很幸运，你身边会有值得信任的真朋友。他们的智慧是你的向导，需要的时候，你可以寻求他们的帮助。但大家总会碰到的问题是——希望别人提出意见和需要别人的肯定，这两者之间的区别很大，而且后者通常会伪装成前者。

我们希望别人提出意见，是因为我们心里不确定，如果别人能够统一我们的想法，我们就可以通过某种方式确认我们的想法是好还是坏。

昨天，我和我丈夫犯了一个错误。虽然他是我最好的朋友和顾问，我仍然要把他的意见和我真正想要的东西区分开来。

关于下一本书，我有了新的想法。写完"女孩"系列之后，我就没写过小说了，但是（尤其是当你正在写书的时候）我已经开始幻想下一本书会是什么样的。之所以会出现这种情况，一是因为写作的时候是一个创意不断的状态，二是因为写书（无论你已经写过多少本）真的很难。而幻想写完手头这本，然后开始创作下一部作品，是你克服写作瓶颈的灵药。

这本新小说就是我的灵药。我激动得跟戴夫说了这件事，因为我很想听取别人的意见。

他的意见是，故事的情节听上去有点熟悉，也有点令人难以理解。他是用最友善的方式说出来的，只是我们小小的头脑风暴中的一个无害的想法。问题不在于他提出了他的意见，而是我马上开始改变自己对下一本书的想法。我马上开始考虑他说的是不是对的，而我的想法是不是错的，是否应该完全放弃。

但事实是……这并不重要。

戴夫的意见正确与否并不重要，哪怕专家说的是对的，也并不重要。任何人的想法和信念都不重要。想法、梦想、目标都是属于我的。当我需要得到别人的认可时，我就会开始失去精力和冲劲。

当你的想法和目标刚刚开始形成时，是你不安全感最强的时候，也就是说，你很容易受到别人看法和信念的影响。当你让别人的意见影响你的计划时，就会很容易被说服去放弃一个你可能会热爱或放弃的想法。

这就像是当你把刚写了一半的初稿拿给别人去评价或者批评一样。当我让别人阅读我还未完成的初稿时，我需要的是他们的肯定。这种情况通常是因为我遇到了障碍，认为自己是个糟糕的作家，我需要我崇拜的人告诉我应该继续向前。事实是，没有谁的肯定足以让你写完初稿，没有谁的肯定能让你去追逐自己树立的梦想。地球上最鼓舞人心的教练，也不能逼着你去完成一场赛跑。你必须要在自己的内心找到力量，靠你自己去实现梦想。

但寻求别人的意见能带来什么损失呢？如果你最终还是实现了梦想，起初有没有寻求过别人的肯定又有什么意义呢？因为虽然别人不能帮你完成梦想，但他们确实可以（哪怕是无意的）说服你放弃努力。

我真希望打一个响指就能让你不再被别人的意见和期望所困，但我知道这没那么容易。这是一个很难改变的习惯，但你要知道的是，这是一个习惯、一个选择。我们可以选择在生活中不去背负这样的包袱，但因为或多或少都会听到消极的意见，我们也需要学习如何卸下已有的包袱。这需要你去理解我们得到的意见究竟是怎么样的。

是这样的，消极意见分为两种：有事实支持的意见，以及道听途说。你知道会存在有事实支持的消极意见，有人会当着你的面说他们不喜欢你的地方，就像德雷克①的歌一样直接。也许他们是家人、朋友，或者是网络上的陌生人。这种有事实支持的意见通常有两种表达方式。跟着我读下去，我保证我会讲到重点的。

第一种消极意见的表达方式是周到而又和善的。某个在乎你的人给你提出这样的意见，他们关心你正在做出的选择。但即使他们是出于好意，这样的意见也是很微妙的。他们的意见真的是关于你的吗？他们的关心是不是基于他们认为你做的事情是错的？

还记得我们之前说过的，别人对羞耻的看法吗？来看我做的"别人的意见"的流程图吧：

---

① 德雷克，全名奥布瑞·德雷克·格瑞汉，加拿大说唱歌手。——译者注

别人的意见

有人向你提出了
一个意见

你听到他们亲口
说出来了吗?

不用担心!　←　否　　　　是　→　你在现实中认
识这个人吗?

你重视他们的
意见吗?　←　是　　　否　→

说真的,不用
担心!　←　否　　是　　不用担心!

他们提出的意见是出
于爱你吗?

有建设性吗?　←　是　　否　→　天啊,
真的不要担心!

是　否

仔细考虑考虑

决定怎样最好　　　不要担心!

消极意见的另一种表达方式会让你觉得难受。在这种情况下,无论是家人、朋友还是陌生人向你提出意见,他们的目的不是提出有建设性的反馈，不是帮助你变得更好，也不是真的担心你。他们的目的是取笑你、贬低你，甚至折磨你、伤害你。无论怎样，没有人有时间听取这样的意见！这种人的行为不值得在你的生活中留下痕迹。

让我再说一遍：这种人的行为不值得在你的生活中留下痕迹。

没有人应该承受这样的言语和精神虐待，不管提出意见的是你的姐妹、妈妈还是男友。每一次你允许这样的事情发生，都是在允许对方以这种糟糕的方式对待你。你总是会听到这样的意见，但这不代表你必须要忍受。

总结一下，我们会听到两种有事实支持的消极意见。第一种是出于爱意，所以你会像成年人一样仔细考虑，除非你觉得他们说的确实是对的，否则你不需要把它当成真理来接受。第二种的目的不是帮助你，而是摧毁你，因此你应该拒绝这类意见。学会拒绝！不要考虑、不要讨论、不要吸收，甚至不要浪费一丝力气去助长对方的气焰。

你不需要考虑任何不是出于爱的意见。就是这么简单。

第二种消极意见是道听途说。这是你靠想象（无论它们多么逼真）构建出来的消极方面。埃莉诺·罗斯福[1]告诉我们，没有人能够不经我们的允许而让我们感到糟糕。我补充一点，当

---

[1] 安娜·埃莉诺·罗斯福，美国第32任总统富兰克林·罗斯福的妻子，政治家、外交家和作家。——译者注

别人什么也没做的时候，小心不要让你的大脑去全权判断这到底是什么意思。

也许你**非常确定**，你婆婆对你有意见。也许你**几乎可以肯定**，你表妹克里斯特尔在Facebook上发表的恶意评论是针对你的。也许你能确认，你的高中女同学虽然现在只和你在社交媒体上有联系，但如果她们知道你有梦想，**一定**会嘲笑你。在这些例子里，没有一个意见是有事实依据的，你是在自作自受。

没有人对你说什么，也没人对你做什么。也许你婆婆确实对你有意见，但也许她只是想念自己的儿子，不知道怎样融入你们的生活。也许表妹克里斯特尔的评论确实是针对你的，但你我都知道克里斯特尔是个**烂人**！你确定要担心她的意见吗？

讽刺的是，大多数时候，没有人在想着你，没有人会在乎你在做什么。就算他们想着你，他们也不会在你背后评判或者取笑你——难道你的朋友们都是食人魔吗？

就算他们真的不喜欢你，这也无所谓。但是，如果你以为别人总在说你的坏话，而你根本没有任何证据，这样的话，问题不在他们，而在于你。你让他们的意见控制你的生活，而你甚至不知道他们是不是真的对你有意见！这些想法都存在于你的脑海中，你只是把它们安插在别人身上，这样你就不用自己承担责任了。

事实是，别人对你的看法并不重要，重要的是你对自己的看法。也许你很难相信，但别人的意见只有在你允许的情况下，才会对你产生影响。如果你积极地采取措施，并注意不让别人的想法影响你的生活，这会是你生活中最自由的决定。

借口九：好女孩不需要成功

宝贝，我很成功。

——说唱歌手Jay-Z[①]

你是不是很讨厌作者在每一章开头引用名人名言？我一直是一个书虫，读过上千本小说，但我总觉得名人名言有点自我吹嘘的意思。"噢，快读读丁尼生的这段优雅的散文，我接下来写的东西也要一样有才华！"如果引用的名人名言和你正在读的这章毫无关联的话，就更让人讨厌了。

毫无关联。

你是不是会想，**只有内行才会懂吗？**如果我告诉你，还有很多写吸血鬼爱上单亲妈妈或者外星人爱上图书管理员的小说，每一章的开头都会随机引用一句名人名言，你可能会很难相信。

没错，我读过一大堆俗套的爱情小说，不要嫌弃我。

---

① 　原名肖恩·科里·卡特，美国说唱歌手、音乐制作人、商人、经纪人。——译者注

关键是，我讨厌用名人名言作为一章的开头。

但这章是上一本书的额外补充章节，我太喜欢这章了，而且我觉得这章的主题非常重要，它让我有了写这本书的灵感，所以我要用我能想到的与"着急"有关的最著名的句子来作为这章的开头。

补充章节就像是小马利亚王国①或者卡戴珊②的生日聚会，什么都有可能发生。所以我用了JAY-Z的一句歌词，来激励正在追逐梦想、不怕吃苦、不怕目标太远大的朋友们！

我们来聊聊成功这件事。

从记事起，我就是一个"高成就者"；从出生起，我就是一个梦想家。我会为未来成年的自己想象出非常详细的场景。我知道我的豪宅会是什么样子，我知道我会去哪里旅行，我知道我会嫁给哪个王子，我知道我会拥有哪匹马。

我会想有自己的马，是因为我那时候才七岁，有一匹属于自己的马就是我最大的目标。我会给它取名为卡利俄佩，只有穿着特别的深色裤子时才会骑它，而这种特别的深色裤子是电影里富有的、生活在小马利亚王国的女孩子才会穿的。

小女孩的白日梦没什么稀奇的，但我那时候就知道，只要

---

① 动画《小马宝莉：友谊就是魔法》及其相关电影《小马宝莉大电影》中的虚构国家，同时也是故事中的主要场景。——译者注

② 指金·卡戴珊，美国娱乐界名媛，服装设计师，演员，企业家。——译者注

我愿意努力，我就可以实现任何事情。这才是稀奇的地方。

我不记得任何人给我讲过类似的话，也许我是通过观察和渗透才逐渐理解到这一点的。如果你在一个生活拮据的家庭里长大，你不会为此困扰，直到你知道富有是怎么一回事。我很小的时候就知道，有些人不需要连一分钱都计算着花，他们也不会为了钱吵架，他们可以走进超市买自己想买的东西。

十一岁时，我对未来已经有了一个具体的计划。我父母又一次分开了，这种情况已经发生过太多次，我真的没办法告诉你这是第几次。但这次的特别之处在于我妈妈决定搬出去，而她坚持要带我一起走。没有人问过我想要什么，也没有人给我任何发言权。他们只是告诉我这件事情要发生了。

我的三个哥哥和姐姐与父亲留在家里，我和妈妈要搬到一个简陋的公寓。这是我童年最黑暗的时光之一。

我几乎和哥哥姐姐失去了联系，父母拮据的收入要用来付两个地方的房租，也就是说，我们的生活更艰难了。我还留着十一岁生日派对的照片，我和几个学校里的朋友在我们破破烂烂的公寓里庆祝了我的生日。

我记得那叫人难耐的尴尬的滋味；我记得装在一个破旧的玻璃盒子里没烤熟的生日蛋糕；我记得我们没钱买装饰品；我记得我那时候对两件事情特别敏感：第一，我不想过这种没钱庆祝特殊日子的生活；第二，如果你没有足够的收入，你就很难真正获得独立——就像我妈妈一样。

那一天，我对自己发誓，长大以后，我要成为一个有钱人。这是我吹灭生日蜡烛时许的愿望。我站在那间狭小的客厅，脚下的地毯上沾着污渍，面前的桌子还没有一米长。我对自己承诺，我以后的生活会更好。如果我有能力，我绝对不会再过这样的生活。我坚定地认为，我总有一天会变成有钱人的。

我知道我不应该说出来。社交媒体上充斥着上百个男性总裁和白手起家的企业家，他们兜售着财富的力量，为自己获得财富的方式而辩护。但是如果女性这样做，就会被指责这是不礼貌的，这不是好女孩应该做的。

无论有什么原因，好女孩都不会讨论钱的事，更不会把赚钱作为人生的目标。

我从童年学到了什么？"该是你的就是你的，你根本不需要争取"。

也就是说，我应该满足于已有的生活，对发生的事情充满感激。但我的童年和青春期过得很糟糕，就因为我还是一个小孩，所以我无法改变什么。可是，十一岁的生日派对让我知道，只要我有了控制权，我就绝对不会满足现状。

感激生活和盲目接受现状，二者之间有着巨大的区别。

我想要更多的东西。

我想要我小时候没有拥有过的东西；我想要更多的机会；

我想要更多的经验；我想要更多的知识；我想要更多的挑战；我想要更大的影响力；我想要有能力帮助那些生活拮据的人，因为我知道他们的感受，我小的时候就知道金钱可以解决问题；我想要很多宏大、壮丽的东西。

小时候，别人觉得我的想法很可爱。他们会拍拍我的头，告诉我这种想法很好。但二十岁出头的时候，我很快就知道，我的家人、朋友、丈夫都无法接受我的想法。

当我开始创业的时候，大家都羡慕我的勇气。但两年后，当我怀上第一个孩子的时候，所有人马上问我什么时候辞职。他们觉得创业只是我让自己忙起来的一时兴起罢了，我真正的使命应该是做一个家庭主妇。

让我先澄清一下。我真的认为没有任何职业比家庭主妇更艰难、更重要了。我对我的家庭主妇朋友们抱有崇高的敬意，我说这份职业不适合我的时候，没有别的任何隐含的意思。除了我丈夫之外，孩子们是我最重要的恩赐。但是，如果我全职在家陪他们的话，我觉得我们都会受不了。

家庭主妇不是我的天赋，也不在我的能力范围之内。

你们知道什么是我能力范围内的事情吗？成功创业、管理团队、写书、发表演讲、在社交媒体上发光发热、研究策略、宣传品牌、参加公关活动、为世界各地希望得到灵感的一千名女性策划现场活动。

但同时，我还是这个行业的新人，我只是心里有想法和激情。我通过图书馆的书和谷歌搜索来学习如何运营公司，只要碰到聪明人，我都会问他们一百个问题。

一开始，我的进程很缓慢，但是朋友们，我确实是有进步的。我有了第一个客户，并为此拼命工作。我把这一个客户当作我的最后一个机会。我没有钱，也没有经验，但我有别人没法比的工作规范——这是我的闪光点。

我的一个客户给我介绍了下一个客户。我几乎是免费帮别人策划活动，我的原则基本上就是，你需要策划一场派对吗？我可以完成任务！

怀孕的时候，我不得不对抱有好意的家人们一遍又一遍地解释我的选择，这真的很难受。我人生中第一次知道，原来别人不认同我为自己构想的好生活。他们不喜欢"职场妈妈"这个概念，但他们可以接受我早期靠工作赚一点儿钱。

几年后，当戴夫的薪水足够高的时候，显然我就"不用工作"了，我身边"被动攻击型"的人开始说出他们的不满。即使你内心足够强大，即使你完全投入在实现你的目标上，当你面对来自四面八方的否定时，你也很难不去质疑自己，并为此而心怀内疚。

公开的否认也不足以让我改变我的方向，但我确实不再公开承认我的方向。我在几年前才意识到，别人的意见会让我失去信心。我就像是一片被扔进大海里的玻璃，别人的意见就像是海浪，他们的评价是不断冲刷我的沙粒，直到把我尖锐的棱角打磨平滑。

我知道，作为社会的一份子，我们都想圆滑处世，这是我们所追求的。但随着年纪的变化，我学习和思考得越多，我就越明白，你的棱角——你格外突出的部分、与众不同的部分，才能够让你脱颖而出。

我有什么独特的地方？我是一个领导者，我是一名老师。我通过努力、勤奋和从谷歌搜索中学来的知识，运营了两家成功的公司。虽然我的目标很宏大，但它的本质非常简单：我希望女性可以明白，她们有能力改变自己的生活。这是我做的所有事情的核心，也是我构建所有事情的基石，我真的相信，这就是我来到这个地球上的使命。然后，我根据这个想法建立了一个媒体帝国。

我没有打错字，我说的确实是一个媒体帝国。

不是一家媒体公司，不是一个副职，也不是一家小公司，而是一个帝国。

大家都说好女孩不着急，好女孩也不会在地上插一面旗，大胆地喊着自己想成为媒体大亨。她们当然也不会对此充满激情，并把"大亨"这两个字文在手腕上。

我知道我不是唯一一个因为别人的期待而迎头向上，又因为他们的意见而退缩的人。为了找到同类，我不停地寻找身处领导位置的女性。于是，我一次又一次地发现，她们和我做的没什么不同。她们低调地对待自己的成就，因为她们从小就被教导，这样会让别人不舒服。

朋友们，杰出的女性也是如此。她们一手打造了市值上千万的公司，或者运作着很大的团队，收益十分可观。就这样的女性也依然害怕承认她们擅长自己的工作，也不敢承认她们对工作的热爱。与她们的交流让我觉得自己不再孤独，也让我意识到许多女性都面临着同样的问题。所以，我讲述我自己的故事，希望能让你知道，有很多女性也有同样的感受——即使不是每个人都有勇气表达出来。

希望你的生活中有更多东西，这并不是件坏事。事实上，如果你关注了我一段时间，你会发现这是我最看重的价值。有动力、有欲望，也愿意努力工作去实现一个目标——这就是我最看重的。成功，是我表达爱的语言。

我喜欢追求成功的人。我喜欢这样的人——他们不会为自己想要的而感到害羞，不会听从别人的劝说选择放弃。他们也会被自己的大胆吓到，偶尔也会掉进别人意见的陷阱。我认识的追求成功的人，他们也是人类，他们也和我们一样，要面对同样的不安全感。但压力来袭时，他们不会多想，也不会争论，而是埋头好好工作。

对我来说，这就是成功的意义：只要你愿意为之努力，无论你的目标是什么，无论你想要的是什么，你不会以为有人将把它送到你手上，但你知道你可以成功。

社会鼓励男孩追求他们想要的东西，鼓励女孩去追求男孩。让我来告诉你们，社会对你、你的梦想的看法并不重要。连你的家人、你最亲密的朋友、你的伴侣，他们对你梦想的看法也不重要。真正重要的是你有多想实现你的梦想，你又愿意为此付出什么。

洛雷尔·撒切尔·乌利齐[①]说过："好女孩不会名垂青史。"[②]几百年的历史也证明了她的观点。

索杰纳·特鲁思[③]、苏珊·B.安东尼[④]、妇女参政论者[⑤]、玛丽·居里、马拉拉·尤萨夫扎伊[⑥]、奥普拉·温弗瑞、碧昂斯……她们没有被社会的期望或所处的时代所困，她们不会轻

---

① 洛雷尔·撒切尔·乌利齐，生于1938年7月，美国历史学家，现任哈佛大学教授。她对历史的研究方法被称为致敬"普通人的努力"。——译者注

② 洛雷尔·撒切尔·乌利齐《好女孩不会名垂青史》，纽约克诺夫出版社，2007年。

③ 索杰纳·特鲁思，（1797-1883），非裔废奴主义者，美国著名妇女权益运动领袖。——译者注

④ 苏珊·B.安东尼，（1820-1906），美国民权运动领袖，在19世纪美国女性争取投票权的运动中扮演了关键角色。女权杂志《革命》的创立者之一。在女性权利被美国政府承认和合法化的过程中，她是重要领导者之一。——译者注

⑤ 指19世纪末20世纪初提倡扩大女性在公共选举中选举权利组织的成员，特指妇女社会政治联盟成员等英国的激进分子。妇女参政论者是妇女参政运动成员的总称。——译者注

⑥ 马拉拉·尤萨夫扎伊，生于1997年，巴基斯坦女性教育活动家。2014年，年仅17岁的她获得了诺贝尔和平奖。——译者注

描淡写自己的天赋、资源或者渠道。这些女性以及其他像她们一样的人，利用了上天赋予她们的力量，不在乎别人对她们的看法，有时候需要面对几乎不可战胜的困难，甚至是危及生命的压迫。

你觉得自己是成功者吗？我是。你内心想要成功，却担心别人的看法或评价？我也经历过同样的事。

对许多女性来说，别人的意见带来的负担实在是太重了。因为害怕，她们不肯跨出自己的舒适区。但我们不是这样的人，我们愿意去实现自己的梦想，我们愿意变得大胆，我们愿意承担这样的负担，因为只要有机会实现我们的全部潜能，我们愿意接受随之而来的负面影响。

有些人说好女孩不需要争，我可以接受这样的看法。但比起在乎别人对我的意见，我更在乎的是改变这个世界。

Part 2 应该学习的行为

be · hav · ior[①]

名词

一个人表现自己的方式，尤其是在他人面前表现自己的方式。例如，"好行为"。

在特定情境或受到刺激时，动物或人做出的反应。

同义词：conduct, deportment, bearing, actions, doings

行为是你日常的表现，行为也是你的习惯。行为存在于你的行动、你的言语、你的生活方式上。最重要的一点是，你的行为是一种选择。有时候，你并不觉得自己的行为是一种选择，因为大多数行为是无意识的。它们是已经嵌入你生活中的习惯，但也是我们无意识或下意识地做出的选择。也就是说，每一天你都在选择成为这个样子……无论你是否能意识到。

你选择相信你所相信的，接受你所接受的。这些行为或是能给你带来极大的帮助，或是会在你不知道的情况下伤害你。我们已经放弃了许多阻碍我们追逐梦想的借口，接下来，我们需要更进一步。这一部分是我学到的一些行为，它们帮助我实现了目标，我希望它们也能帮到你。

---

① 谷歌词典，"behavior"词条，引用于 2018 年 9 月 24 日，https://www.google.com/search?active&q=Dictionary#dobs=behavior，释义来自牛津词典 "behavior"词条，https://en.oxforddictionaries.com/definition/behaviour。

行为一：不要征求别人的允许

我知道不是每个人都喜欢"**女权主义者**"这个词。我之前也写过，女权主义者仅仅意味着你相信男性和女性应该拥有平等的权利。但我并理解，对许多女性来说，这个词还囊括了很多层意义。我也不是要说服你，我提到这个词，是因为这章可能是我写过的最女权主义的内容，如果这不是你的菜，你最好还是跳过这章。

不，不要跳过这章。

你不需要在街上烧胸罩，但你是一位成年女性，你至少可以考虑一下这个想法。这章并不会讲男性与女性的对立面，也不会讲我们应该如何处理这种二元对立。这一章要讲的是，大多数文化自创始以来就是以男性为中心的。

也就是说，在大多数社会中，男性拥有更多的权力（或者所有权力），因此也拥有更多的控制权。

无论你觉得这是好事还是坏事，正常还是不正常，这不重要，女孩，你要做你自己！但是为了这本书，为了实现你的目标，你至少应该考虑一下这样的社会结构是否会影响你的自信。毕竟，你从小就被教育男性懂的更多，男性是权威，作为一名女性，你还剩下多少自我和意见呢？

出差的时候，为打发旅途时光，我在机场书店里买了一本书——《女性与权力：一份宣言》①。这本书对历史上公开演讲的女性做了有趣的研究——不是任何公开演讲的女性，而是被允许（或者不被允许）在公共场合演讲的女性。你应该读读这本书。这本书中有着丰富的历史，文笔优美，而且两个小时就可以读完。

我个人从来没有研究过，从来没有把注意力放在这一点上：女性曾经几乎不能发声，也不能提出她们的意见。我当然知道妇女参政论者的故事，也知道女性为了投票权付出了多少努力，但我从来没考虑过女性备受痛苦和折磨的历史，也没有考虑过在上百年的历史中牺牲的人们。

这本书中有一部分让我觉得特别有力量：对我们大多数人来说，我们成长过程中遇到的权威声音总是男性。如果我们长大后开始工作，或者嫁给了一个男人，那生活中的权威声音依然是男性。管理你的人、告诉你应该做什么的人、告诉你对错

---

① 《Women & Power: A Manifesto》，玛丽·比尔德（Mary Beard）著。这本书从文化叙事的角度揭示将女性排除在权力之外的深层文化结构，探寻"厌女症"背后的文化根基。——译者注

的人，通常都是男性。

如果他是一个聪明的好男人，并把你的喜好放在心上，这更会让你坚定地相信他什么都懂。那如果他不是一个好男人呢？如果他总是伤害你，还很残忍呢？如果他只在乎自己，根本不把你放在心上呢？他仍然掌握着主导权，他仍然可以做决定，他仍然可以影响你的生活。

有一句流传了很久的俗话："如果你不知道你想成为什么样子，你怎么能够变成那样呢？"如果你对"正确"的看法一直来源于男性，那作为一名女性，你会觉得你也可以成为任何样子、做你想做的任何事吗？你会轻易地相信，你有权力、能力和意愿去追求自己的梦想吗？你会觉得只需要自己的允许和认可是正常的吗？

我长大的时候，权威的声音就来源于一位男性。我爸爸有着强大而又压迫性的性格，而他需要我的绝对服从。我期待得到他的认可，害怕惹他生气。十九岁时，我遇到了我丈夫，尽管他的性格和我爸爸完全不同，但现在回想起来，我把我对爸爸的感情转移到了他身上。我非常依靠他，我生活中的每一天都是为了取悦他，为了让他开心。如果他心情不好，哪怕不是我的原因，我也会很难受。我会陷入焦虑之中，直到我做点或者说点什么来改变他的情绪。

我记得七年前有一天，他工作很不顺利，回家后很是失落。

我马上切换到了"解决问题"的模式。我问他："我给你倒杯酒好吗？你饿了吗？你想看电影吗？"他很严肃地看着我，但是非常和气地说："瑞秋，我状态不好，但过一阵就没事了。我不开心是很正常的事，你不需要让我开心起来。你的工作不是让我开心。"

天呐，朋友们，我终于顿悟了！我从来没想过应该让他自己消化他的情绪，我的工作也不是去解决他的坏情绪。我的家庭环境就是做任何能让父亲开心的事，我不知道我还可以有别的选择。

所以，当我理解了我生活的追求不是取悦别人的时候，我开始考虑我以前从没考虑过的事情。比方说，如果我能为自己做决定呢？如果我在生活中做的每一个选择不再是为了取悦别人呢？如果有时候我可以做自己想做的事呢？如果我不再征求别人的允许呢？

我那时候还没有意识到自己在做什么，但在我和戴夫婚姻的前十年，我做任何事都要征求他的允许。不是因为他要求我这样做，而是因为我觉得这是正常的，所以我在我们的婚姻里也做着同样的事：

"你介意我去趟超市吗？"

"你介意我周四晚上和曼迪一起吃晚饭吗？"

"嘿，我把最后一块饼干吃了，可以吗？"

我这样做的时候，我们还没有孩子，所以并非因为——"嘿，我要去参加这个活动，所以我需要你照顾一下孩子们"。我是真的需要他的同意，因为我不希望我的愿望给他带来困扰。

回想起那些年，感谢上天让我嫁了一个好男人。如果他愿意的话，他很容易就可以利用我，或者滥用他对我的权力。在和别人谈一段美妙的恋爱时，你也可以找到做自己的方式。你完全可以在不欺骗自己和你爱的人的同时，去完成你要完成的事，承担你应该承担的责任，满足你自己的愿望。

要做到这一点，你只需要不再为了做真实的自己而征求别人的许可。

要做到这一点，你只需要不去在乎别人怎么看待你的梦想，最重要的是你怎么看待自己的梦想。

要做到这一点，你需要把关照自身的价值看得更重，而不是担心别人是否会受到困扰。

哪怕别人不理解，你依然可以成为你想成为的最好的样子，可以去追逐自己的梦想；哪怕别人不喜欢，你依然可以逼自己去追求更广阔的天地；哪怕你需要麻烦别人来照顾你的孩子们，你也依然可以给自己放个假。

你可以告诉别人你是什么样的人，你可以告诉别人你的需要，而不是先问他们的感受。你不需要任何允许、意见或者资格。

————

我试着回忆我第一次听到"女孩老板"时的感受。

当然了，这个词在索菲娅·阿莫鲁索①出版同名传记之后变得流行起来。那时候，我会买下所有能自尊、自学成才的女性企业家所出的书。索菲娅·阿莫鲁索的故事给了我灵感和动力，但我看的时候并没有注意标题，因为我太想仔细阅读这本书的内容了。

但之后类似的词语越来越多，比如"女孩老板""老板宝贝""她企业家"。各个年龄段和背景的女性选择了类似的称号并引以为豪。这成了社交媒体的热门，到现在热度还没有消退。现在，这类词汇已经融入了我们的日常生活，常常在各种会议中被提起，也成为就读管理类专业的女学生们向往的目标。

这让我很难受。

我想要针对这个话题发表我的长篇大论，并抱怨它是如何成为男性权威的一部分的。但我只想问一个问题：给一个词带上修饰语到底是什么意思？我问这个问题是因为，小时候，我绝不会想到，像我这样的女性会获得"女孩老板"这样一个绰号。

我也不会想到，为什么一个标签就可以代表商业领域的所

————

① 索菲娅·阿莫鲁索，生于1984年，美国企业家。她于2004年出版了传记《女孩老板》（Girlboss），后来被改编成电视剧。

有女性。但我在一个又一个会议中问道为什么要用修饰语的时候，只有几个人说他们知道这是什么意思。所以我大声地念出了这个词的释义：

qual·i·fy[①]

动词

1.通过列出例外或保留意见，来修改、限定或限制。

2.让事情变得没那么艰难或者严重；适度的。

在运营我的公司之前，我丈夫在世界上最大的一家媒体公司做高管。他的团队成员分布在世界各地，人数多到我都记不住。他从助理一步一步地做起，靠他的决心和动力走到了这一步。从没有人——一个都没有——会因为他的性别而给他所做的工作打上标签。

在"老板"之前加上"女孩""宝贝""甜心""粉红"这类带有性别倾向的修饰词，在媒体看来很可爱，但这既不尊重女性，也极大地影响了年轻女性对自我的看法和我们在商业领域对平等的争取。

最糟糕的一点是，只是女性在使用这种修饰词！女性把这种标签印在文具、T恤和冰箱贴上，伪装成这可以帮助和启发

---

① 美国传统英语词典，第5版（2016年），"qualify"词条。

新一代的年轻人。

从某种程度上来说，她们是对的：运营一家公司或一个团队确实可以启发新一代的年轻人。但我希望我们的女儿们有勇气和胆量接过接力棒，不再贬低自己的成就，不再说"**对一个女孩来说**，这已经足够好了"，不再有"女医生""女律师""美国总统女候选人"这样的称呼。

这些职位需要努力才能争取得来，因而值得人们的尊重。

做老板是我人生中最大的特权和挑战，这需要胆量和坚持，也需要勇气和力量。成为老板需要我们特别努力，我们通常需要比男性同僚付出更多，因为在大多数行业，我们所面对的是要让自己"挤入"专属于男性的位置。

她们可以被称为叛逆、不合群、领导，但这和性别没有什么关系。

我提到这一点是为了提醒你，你不需要得到任何人的许可才能去做自己，你也不需要为了迎合别人去改变、扭曲、重新设定自己的目标。你不需要把自己塑造成某个样子，去获得别人的爱和接受。

值得你融入生活的人们会接受你真实的样子，哪怕这需要他们花时间习惯这一点。即使你和他们认识的别的女性不一样，即使你和他们爱上的女人不一样，你也可以：

成为你想成为的女性；

成为为自己自豪的女性；

成为心中有爱的女性，不需要通过改变自己来获得他人的爱；

成为有趣的女性，而不是让别人觉得有趣的人；

成为经常放声大笑的女性；

成为慷慨的女性，无论你的银行账户里有多少钱，你都能给别人提供各种支持；

成为活到老学到老的女性，因为知识就是力量，而那些以为自己什么都懂的人才是最蠢的；

成为那种能让十一岁的你和九十岁的你都感到自豪的女性；

成为那种积极参与自己生活的女性；

成为那种知道自己能够获得更多成功的女性；

成为那种因为自己的梦想而紧张，但依然敢于实现自己梦想的女性；

成为那种不需要得到别人许可，也可以成为自己想要的样子的女性。

行为二：选择梦想中的一个，然后全力以赴

很多人不喜欢我这个想法，但我仍然认为你只能同时专注于一个目标。

如果我可以在这本书里使用表情包的话，我会在上面这句话的每一个字中间加上一个拍手的表情。

这个建议是针对那些"我想写一本书，但我还想做一个创作歌手；我想考一个房产经纪证，我想照顾动物，我还想建立一个慈善基金，把濒危动物带到养老院，安慰那些老人"的梦想家们的。

不要这样想。

首先，就算你的梦想清单没有这么明确，就算每一个梦想都能互补，你也还是很难实现所有的梦想。如果真的那么容易的话，你早就实现自己的梦想了。

其次，这算不上是你的梦想清单，只是列出了一些听上去很酷的想法罢了。你需要知道二者之间的区别。

我说的梦想是你非常渴望的事情，是你经常会幻想、想象

的事情，是你一想到就会心跳加速、掌心出汗的事情。

梦想和好想法有什么区别？当别人列出十九件他们"梦想"的事情时，我的回应都是一样的：哪一个让你最兴奋？如果十年内你只能选择其中一个去努力实现，你会选哪个？如果只有一个梦想可以成功，你会选哪个？

事实上，他们总会选出来一件事。

但他们用太多的好想法淹没了这一件事。他们列出了各种可能性，这样他们就可以说这些都是为了好玩；这样他们就有了无穷的选择；这样的话，如果他们发现实现梦想的过程太过艰难，他们就可以放弃，并且安慰自己这不是他们真正想要的。

明白了吗？如果你只选择一个梦想，你就没有退路了。如果你想占领一座小岛，那就烧掉所有的船。如果你想真正实现自己的梦想，你只能一次实现一个。当你实现这个梦想后，再去实现下一个。分散你的注意力等于分散你的重点和能量，也就是说，你很难取得任何成效。

女性总把个人发展当作一场自助餐，吃一点儿这个，再吃一点儿那个。她们争辩说，生活的所有领域都很重要，所以她们会试着解决所有问题。也许有人可以成功地做到，但对我来说却正好相反，是专注让我实现了自己的梦想。

除了追求梦想之外，我还有自己的生活。我猜你也是。我结了婚，有了孩子，要买杂货，要做饭，还要负责别的千百件事

情——我没有时间去浪费。如果我要实行自己的权利，去为自己
追求一些新的东西，我就需要有效率，而有效率就必须要专心。

过去当我想要开始节食、锻炼、写小说的时候，我的能量
和热情通常撑不过一周。我有太多事情要优先处理，有太多事
情需要追踪进展。我想说的是，我很容易因为压力太大而无法
做好任何一件事。

当所有事情都很重要的时候，每件事情都不重要了。

当我学着保持专注的时候，我才找到了成功的诀窍。专注
意味着只选择一件事。对成长充满热情，但刚开始尝试专注于
一个领域的人，可能会觉得进度很慢。他们没有意识到的是，
梦想就像是一个海湾，海水涨潮时会淹没所有的船。

当你专注于一个领域的时候，会发生神奇的事情：生活中
的其他领域也会进步。如果你往湖里扔一大把石子，湖水也会
有所变化。如果你扔一块大理石（也就是说，如果你把所有的
能量都放在一个领域），就会带来更大的影响。你的选择所带来
的涟漪效应会蔓延到各个方向。

当你在一个领域取得成功，并将其培养为习惯后，生活的
其他领域也会发生变化。比如，我在追求一个目标的同时，还
能保持健康和健身的习惯，因为它们已经成了我生活的一部分。
但如果我试图同时完成这几件事，那我很可能不会成功。

接下来的问题是——应该如何选择？如何选择下一个应该

专注的事情？如果我是你的话，我会用"10，10，1"来做选择。

你可能会说自己从来没听过"10，10，1"，因为这是我自己编的……不过我确实为它申请了商标，因为这是一个很好的想法。和生活中的大多数事情一样，我找到了一个适合自己的想法，当有人想听我解释的时候，我就把它写出来，并给它起了一个时髦的名字。例子：我的整个出版生涯。

十年；

十个梦想；

一个目标。

你在十年之内想成为什么样的人？有哪十个梦想能让它成为现实？哪一个梦想可以变成接下来可以专注的目标？这就是"10，10，1"。

让我们再深入地了解一下这个过程。

十年

我喜欢鼓励人们先闭上眼睛，想象他们最好的样子。想象十年过去了，你过上了最理想的生活。尽量想得远大一点儿，不要给自己任何限制，也不要多想，只让自己想象一个最美好的未来。

十年后，最好的你正在做什么？她是什么样子？她每天的生活是什么样的？她怎么和身边爱的人沟通？她怎样被爱？她穿什么样的衣服？她开什么样的车？她做饭好吃吗？她喜欢看书吗？她喜欢跑步吗？

越具体越好。你去哪儿度假？现在你的生活有了很大的不同，你最喜欢的餐馆是哪家？你吃什么样的食物？你每天的情绪是什么样的？你乐观吗？你能激励别人吗？作为一名女性，你用十年的时间去改善和成长，你的生活开心吗？你一周的安排是怎样的？你是怎么与人相处的？他们是怎么对待你的？

让你的梦想完全疯狂起来。你开心吗？你精力充沛吗？你有动力吗？你有野心吗？你和家人的关系怎么样？你有孩子吗？有家庭吗？结婚了吗？最好的事情是什么？

现在，让你的梦想更宏大一点儿：比最好的你还要好的情形是什么样的？你的每一天都是你想象中最好的状态：你做什么工作？你未来的自己的最高价值是什么？是家庭、忠诚，还是成长？越具体越好。

不要下结论，也不要多想，我希望你以最快的速度写下你刚刚想到的每一件事情。我希望你不要忘记其中任何一点，我希望你能把未来自己的样子好好地封存在大脑里。

我最好的样子是……

当我变成最好的样子后，我……

不要犹豫，现在不是仔细考虑或者告诫自己慢一点儿的时候，也不是现实的时候，而是考虑你的梦想究竟能有多远大的时候。

我希望这个小练习帮助你在脑海里勾画出一幅清晰的图景，你知道自己在未来可以做哪些很棒的事情。我每年会做一两次这样的练习，画出一幅未来的蓝图（像五年级时做的杂志剪贴簿一样），这样我就能更直观地了解我想象中的未来。

这是第一步，这是你十年后的样子。

接下来，你需要缩小范围。

十个梦想

然后，你需要把你的十年变成十个梦想。如果这十个梦想成真了，你的想象就会变成现实。如果你希望自己未来可以做到完全的财务自由，也许你的梦想是七位数的年薪，或者是还清所有的贷款。如果你未来理想中的自己健康、开心、活力十足，那你的梦想中应该有参加马拉松和成为素食者。重要的是要具体，你的梦想清单展现了你未来的样子。

通常我们列出的梦想清单会多于十个，但你必须要缩小范围。专注是很重要的，记得吗？选择十个梦想，如果这些梦想会实现的话，你未来的自己会更真实。

关键是：每天在笔记本上写下这十个梦想，写的时候要像已经实现了这些梦想一样。

我每天都把我的十个梦想写一遍，因为我希望这种重复可以把梦想深深地植入我的脑海和内心，让我知道我应该把重心放在哪里。我希望提醒自己我应该成为什么样的人。所以，我写下这些梦想，仿佛已经实现了它们。

如果你告诉自己（和你的潜意识），"我打算赚一百万美元"，你的重点会放在打算，而不是你的目标上，它会变成你大脑的"待办事项清单"。假如你没有给梦想指定方向，你没有让大脑帮助你想出怎样实现梦想。你只是告诉你的大脑，你打算做某件事情，这样的话，无论你给自己设定的目标多么远大，也不会带来显著的效果。因为你总是列出待办事项清单，你的大脑怎么会知道什么是重点呢？

如果你告诉自己"我的银行余额有一百万美元"，这就很具体了。这就变成了一个结果，一个方向。**打算，**是未来发生的事情；**有，**是现在发生的事情。也就是说，你的潜意识开始专注于如何马上实现你的目标。我的银行余额没有一百万……暂时还没有。但我在朝着这个方向努力。

我的梦想清单上有些是我想实现的事情，有些是我每天都可以实现的事。

"我是一个出色的妻子。"

这一点也在我的清单上。我每天写下我的梦想，提醒自己我是谁，我想成为什么样的人。当我想象未来最好的自己的时候，我仍然深爱着戴夫·霍利斯。未来，他仍然是我最好的朋友，我们仍然黏着对方。只不过那时候，我们之间的感情更新鲜，因为我们的孩子已经长大了，我们不用再三更半夜换尿布，也不会被正在长牙的婴儿吵醒。

我对我写下的事情很谨慎，我不会写"好的"，也不会写"很棒的"，我写下的是"出色的"。我每天写下"我是个出色的妻子"这句话时，我必须要问问自己，我今天做了什么出色的妻子应该做的事。这让我有动力采取行动。这提醒我给戴夫发短信，告诉他他今天的裤子很性感，告诉他我有多爱他、多感谢他。如果我没有提醒自己想成为什么样的人，这一切都不会发生。

我的日常梦想清单上还有一件事，虽然听上去有点讨厌，但这是我的梦想清单，不是你的。我写下的是："我只坐头等舱。"

如果你在社交媒体上关注了我，也许会了解我出差有多频繁。我真的会经常出差，朋友们。我不介意出差，因为90%的情况下，我都是用我独特的诗意风格和史宾格狗一样的经历去做演讲，去激励一大群参会者。

演讲是我最喜欢的工作之一，但这同样需要专注和精力。如果需要不停地转机，就很难做到。当我坐经济舱的时候，我也很难完成现有的工作量，难以保证我能有时间参加所有的演讲活动。

我目前的工作还包括写作。我要么是在写书或者校对，要么是在写一篇文章或者博文。因为我不知道"私人"这个词是什么意思，所以我写下的每件事几乎都很敏感。这几年，我一直在飞机上写作，不然我永远没办法按时交稿。

如果我不写作的话，我就不知道我的邻居对第五章是什么看法了——这就是为什么我的梦想是只坐头等舱。

在我看来，头等舱的唯一优势是座位空间。我不在乎头等舱奇怪的前菜，也不在乎免费的红酒，我更不在乎比别人提早登机。我在乎的只有一件事，在头等舱我可以把笔记本放在腿上，随意坐着。这不仅很舒服，而且和离我最近的人也隔得很远！简直太棒了！

几年前，戴夫用他的航空里程积分帮我升了舱。体会到头等舱的好处之后，我就把这作为我的梦想了。所以几个月来，我每一天都写下"我只坐头等舱"这个梦想。也就是说，每一天我的大脑都把它当作真相，也帮助我实现这个梦想。

这个梦想最开始出现在我清单上的时候，我们公司还没有那么高的出差预算。就因为我想要实现这个梦想，不代表它就能成真。但我坚持用六个月的时间每天写下这个梦想后，我突然顿悟了，我之前太蠢了，蠢到因为自己没提前想到而打了自己一拳。

我说出来你会笑的，也许你已经知道我是怎么解决这个问题的了。我开始坐头等舱，因为我告诉别人头等舱是我的出差要求之一。也就是说，当有公司联系我说："瑞秋·霍利斯是一个名人，我们想邀请她来帮我们提高销量。怎么能请她来？"我的助理会告诉他们我的出场费，然后她会加上一句"还需要承担头等舱和住宿的费用"。

一开始，我很担心人们会生气，怕这会让我错过许多机会，会让人们觉得我在耍大牌。但这种情况从没发生过。首先，当你的工作做到了一定程度，要求获得你刚起步时无法想象的好处，这是一件很平常的事。其次，品牌可能付得起，也可能付不起，但没有人会因此生气，派一堆人到我家来示威。

现在，我可以经常坐头等舱，每次到达会场的时候都心情愉悦、神采焕发。

"坐头等舱"这件事仍然在我的梦想清单里，因为虽然我工作可以选择头等舱，但我的个人财政状况还不允许我们一家每次出行都选择头等舱——至少现在还不行。每天我都提醒自己这一现状。

既然你已经想好了你的十个梦想，我希望你能采纳我的建议，每天把它们写下来。这能够每天提醒你，你将会成为什么样的人。但是为了实现你的梦想，你必须要用行动和专注去努力。下一步是把你的十个梦想缩小为一个目标。

10，10，1。十年变成了十个梦想，十个梦想变成了一个目标。梦想是你的理想，当你积极地去实现梦想的时候，它就会变成一个目标。

一个目标

我希望你能问问自己，哪一个目标、哪一件你能做的事，会让你最快地变成十年后你最想成为的样子？十个梦想中的哪一个目标能让你今年就开始努力？仔细想一想，然后写下来。

要实现一个目标，你需要确定两件事：

你具体需要做什么？

你如何衡量自己的进步？

"我想减肥"并不算具体，你想减掉20斤还是100斤，这才是具体。

"我希望体脂率减到24%。"

"我希望攒五千美元。"

这些是你可以衡量的具体目标

"我希望财务状况能有所好转"只是废话。你只是在迎接失败，或者不衡量自己的进步就认为自己已经努力了。用现金而不是信用卡买一杯拿铁可能也算是"财务状况有所好转"，但这会给你带来什么进步呢？如果你的目标是"我想攒三万块钱"，你就根本不会喝拿铁了。

你的目标还应该是可以衡量的，你需要知道自己是不是在进步，是不是在接近自己的梦想。许多人说目标有时间期限，但我觉得个人目标并不是，因为我觉得这样的想法反而会带来失败。如果你告诉自己，要在二月底健身有成效，但到了二月中旬你还没有达到目标的时候，你就会责怪自己。

为了成为理想的自己而努力，是一生的过程，这一过程没有期限。重要的是你要坚持，我们追求的不是完美，而是坚持。

知道你的目标是什么，是不够的。许多人可能已经知道他们先要实现怎么样的目标，如果就此打住的话，你就已经可以自认为成功了。你还要知道为什么你迫切地需要实现这个目标。你要知道这为什么是必须做的事，并把它作为你想放弃时，用来激励自己的砝码。还记得之前我写过的问自己**为什么**的重要性吗？在你不知道怎样实现目标的时候，问自己**为什么**能够让你继续向前。

我小的时候，父母总是吵架，有时候吵得很厉害，我父亲会一拳把墙砸个洞。我会躲在自己的房间里，远离他们的争吵；我会把自己关在唯一一个属于我的空间——我自己的床上；我会想象一个不存在这一切的地方，借此来逃避；我会想象一个没有大喊大叫的未来；我也会想象一个没有人会为金钱而争吵的未来。

小时候，我能想象到的最好的场景，就是走进商店时能买下所有我看到的东西——我说的不是买一块表或者一双名牌鞋，而是我能买得起品牌麦片，或是买一条上学穿的新牛仔裤。当时，这就是我的理想：一个没有争吵的家庭，能够买得起沃尔玛超市里的商品。

所以，那成了我的目标。我很小的时候就知道这一点：**当我有掌控权的时候，我就可以过上我想要的生活。**当你幻想你的未来时，你必须要知道你想到达什么样的阶段，你也必须要给自己足够的动力。也就是说，你得知道为什么，为什么这个目标对你如此重要。

只想着要变瘦是不够的，变瘦是为了跟上孩子们的步伐，或者让自己的生活充满能量，这是你的砝码。

只想着"我想变有钱，因为我觉得这样会很棒"是不够的，你要知道小时候一无所有是什么感受，向自己承诺，只要你有能力掌控生活，你就永远不会再过这样的日子。这是你的砝码。

你必须知道你的方向，你必须知道你这么做的原因。如果你总是刚开始就放弃，如果你曾经无数次放弃过自己的决心，那是因为你的目标还不够坚定。

我以前会抽烟。我不想对你们承认这件事，因为抽烟真的很糟糕。抽烟是最可怕的事情，它让人恶心，也会损害你的身体。但我刚学会抽烟的时候只有十九岁，那时我认为抽烟的同学太酷了，我也想成为其中的一员。

有一天晚上，我们公司举办了节日聚会，我和一个在公司公关部门工作的女孩聊天，她太时髦了，简直是那种在潮流出现之前就知道潮流是什么的女孩。那天晚上的聚会上，她拿出一盒"美国精神"牌香烟。如果你不知道这个牌子的话，那我告诉你，美国精神是一种纯天然烟草，比我抽过的任何烟都冲，只不过我那时候不知道。

我那天喝多了，所以当那位超酷的女孩递给我一根烟时，我也没多想，就一根接一根地抽起来。回到家之后，我不知道吐了多少次，嘴里全是烟的味道。我吐到胃里空空如也，什么都不记得了。

关键的是，直到现在，我闻到香烟的味道都会想吐。我那次的经历太糟糕了，最后的结局也很坏，所以我马上戒了烟，没出现任何戒断的症状。我永远不会再抽烟了——这就是我人生天平上的一块砝码。

你必须要找到自己的砝码，找到自己要实现梦想的原因，否则你永远不会做出改变。你必须要知道专注在哪个方向，否则你永远不会取得成效。

行为三：接受你的野心

野心，可不是一个贬义词。

我不知道是不是因为我正在写这本书，所以我满脑子想到的都是媒体上关于女性的新闻，似乎有一个接一个的女性作者和演讲者说，我们都应该成为某种类型的女性。

今天早晨，我又看到有人转发了一句话，说的是女性野心的危险和陷阱。我气得差点冲屏幕吐一口吐沫，但同时我又很伤心。生气是因为我觉得笼统地概括各种类型、有各种野心的女性不是一件好事；伤心是因为说这句话的人有着很强大的平台，她在为全世界的女性发声，但她这次传达的信息却是在帮倒忙，是在迎合我们很多人在成长过程中会遇到的模式化思维。

野心会带来危险吗？当然了！我长篇大论地讲过我作为工作狂遇到的难题，所以我知道野心有多不健康、有多危险。但是，把野心简单地当作一件坏事，只会让人觉得目光短浅，而且有悖于我们应该过上自己想要的生活的追求。

重要的是，这样的评论并不是针对男性的。这句话指出的只是女性野心的危险。我们需要开始切实地讨论，我们为什么接受关于女性的既定事实，却不会质疑男性——如果一个论断不适用于每一个人，那它就不应该适用于任何人。

我知道许多人不这么认为。

如果一名男性想要追求他的事业、身材、信仰、教育或其他任何事情，这会被认为是他的优势。我们需要这样的男性领导我们的公司、教堂或者政府。有野心的人想要学得更多、做得更多、成长得更多，他们通常会为身边的人创造机会去做同样的事情。

但女性就不能这样做吗？如果她还没有结婚呢？如果她是一个单亲妈妈呢？她能不能去努力，至少找到一个男人来照顾她？我希望你们看出了最后一个问句中的讽刺，因为这个想法会让我的大脑爆炸。

我们不应该再认为特定的规则只适用于处在特定阶段的人身上。是的，如果一个规则不适用于我们每一个人，那它就不应该适用于我们任何一个人。

我嫂子海瑟做了十八年的老师。在她拿到基础教育本科学历之前，她是美国全明星垒球队的一员。之后，她拿到了学校咨询专业的硕士学位，成了一名出色的领导，也深受学生们的欢迎。那种需要更深入地了解自己的工作，只为了把工作做得更好的欲望，就是野心。如果她有野心，她应该像她的兄弟一样，受到同样的尊重。

我的朋友苏珊正在进行领养系统的改革。她正在改变我们对待领养子女的方式，也在为领养父母提供他们所需要的支持。她有着巨大的野心。她有野心让自己的组织遍布美国的每一座城市；她有野心确保领养系统里的每一个孩子被爱、被了解、被关注；她有野心确保每一个小孩都能找到合适的领养家庭。她恢弘而又大胆的野心会改变整个世界。

我的另一个朋友是家庭主妇，她为自己的体重和自我形象挣扎了很久。十八个月前，她报名参加了第一次的万米长跑，她的野心是跑到终点线。跑完一万米之后，她又报名参加了半程马拉松。她逼自己找时间参加训练，并有实现自己目标的意念。她已经跑完了半程马拉松，并决定在今年秋天参加全程马拉松。她的野心不是成为总裁，也不是赚上百万美元，她的野心是保持健康的好身材。她想要为自己、为她的孩子们变得更好。她的野心改变了家庭的活力，也改变了她对生活的看法。

有野心并不是一件坏事。

事实上，野心的定义充满了诗意——"做或实现某事的强烈意愿，通常需要决心和努力。"[1]

我有野心和决心创作出可以鼓励女性的内容，不然你们就

---

[1]　牛津词典，"ambition"词条，引用于2018年9月25日，https://en.oxforddictionaries.com/definition/us/ambition。

不会读到这本书了。这本书的内容已经过半了，如果你觉得这本书愚蠢、没有亮点，又很无聊的话，你肯定早就把它扔到一边了。

你还在读这段，很有可能是因为你觉得自己能从中学到一点儿东西。但如果我一开始没有野心写这本书的话，你们就读不到这本书了。

不过，大多数的时候，我们只会把自己的野心当作坏事，对吧？别人的野心很少给我们带来困扰，但我们却觉得自己的野心是个烫手山芋。

如果他们知道我的梦想会怎么想？ 记得吗？我们已经不在乎别人的想法了。

如果我太有野心，又太沉浸其中了，该怎么办？我们还是担心已经发生的事情，而不是未来的可能性。

好吧，如果我真的竭尽全力去追求我的梦想，却疏远了我的家人和朋友，那该怎么办？姐妹，我或者其他爱你的人会来点醒你的！你真的要让一些随便编造出来的可能性来阻止你追求梦想的脚步吗？

我知道你会的。你很害怕，我也知道害怕未知是怎样的感觉。但如果你不去考虑成功的话，你就没办法实现任何梦想。

你有目标和梦想吗？你有追求吗？那你最好习惯"野心"这个概念。你需要去学习在困境中成长的技能，因为这对你实现目标有着积极的影响。野心就像是早起；野心就像是在孩子们睡觉之后熬夜工作；野心就像是愿意承认你有不了解的事情，然后寻求他人的帮助，自己苦心研究，而后成为你自己最好的老师；野心就像是你过着别人无法想象的生活。

你准备好成为有野心的人了吗？

行为四：寻求帮助！

我上周就应该校对完这本书，把它交给出版社的。我要求了延期，如果我想按时出版这本书的话，延期后的交稿日期就是今天。

我要强调一下我写这本书究竟有多慢，因为这样你们才会理解我写这一章要多费多少工夫。

在我应该把这本书安全地装进包裹里，寄给田纳西州一位可爱的编辑帮我校对的时候，我还在写全新一章的开头。

但我完全放任不管了。今天早晨我才突然想起来，我完全忘了应该写一章你必须要培养的关键习惯。这几天我一直在想，我知道我忘了写点什么，我知道我忘了！

想起来之后，我唯一的借口是——这个习惯已经成为我生活的一部分，所以我才忘了单独写一章。但我收到了你们焦急的私信、邮件和社交媒体上充满了表情符号的消息，我才知道不是每位女性都会做这件事。那就是：寻求帮助！

快去寻求别人的帮助吧！

读过"野心"这一章后，如果你不知道怎样寻找资源来帮助你实现梦想的话，仅仅读过这一章是不会给你带来多大的进步的。你因为喜欢踢踏舞，所以决定报名参加成人踢踏舞培训，这需要的不仅是专门的金属底皮鞋，也不仅是从网上推荐的舞蹈工作室中做出选择，还需要你找到别人帮你照看孩子。寻求别人的帮助吧。

要想让你的营销公司更上一层楼，需要的不仅是参加培训课程，也不仅是出色的社交媒体形象，还需要有人帮你照顾家里的事情，因为你显然不会有很多时间照顾家庭。让别人来帮你吧。

我明白，姐妹们，我真的明白。对我们大多数人来说，找别人帮忙是一件很尴尬的事。首先，我们不想向任何人（尤其是我们自己）承认我们需要帮助。其次，我们不知道从哪里听说，如果我们不能独立地完成一件事，就意味着我们能力不够。

想想这句话有多可笑吧。世界上最厉害的人身后跟着一个团队，他们从打扫房间到发展海外业务等方方面面都需要别人的帮助。但你的公司刚刚起步，你有衣服要洗，你有两个四岁以下的小孩，你为什么要一个人完成一切呢？这是不可能的。你对生活中任何领域的成功可能都存有误解，而这不是你的错。

我认为，这是媒体的错。

具体来说，我认为这是过去五十年来，电视或互联网上出现的每一个衣着得体、妆容精致的女性的错，因为她们从来不会告诉我们，她们私下得到了多少人的帮助，才能呈现出这样的形象。

我认为，这是每一个告诉我们三十九种烹饪感恩节完美火鸡方法的杂志的错，因为作者们从不会这样写：让你姐姐前一晚留下来照顾孩子，只有这样你才有时间为全家人做一顿感恩节晚餐。

我认为这是每一部南希·迈耶斯①的电影的错，她的电影里永远有着梦幻的别墅和纯白色的衣橱。当然啦，她的电影里也写了感情中会经历的可笑的难题，但她从来没写过当女主角忙着打造自己的商业帝国时，是哪些人在打扫她的别墅，又是哪些人在料理她的花园。

无论是在电影里还是现实中，你只看到女性做成一切的例子。在我看来，女性要么会靠自己完成所有事情，不承认她们遇到了多少困难；要么更糟：她们需要各种各样的帮助，却避重就轻。

美国前国务卿马德琳·奥尔布赖特曾经说过："地狱里专门为不给其他女性提供帮助的女性留了位置。"②要我说，地狱里应该专门为能够负担得起别人的帮助，却从来不愿向其他女性

---

① 南希·迈耶斯，美国编剧、导演、制片人，代表作品有《天生一对》《新岳父大人》《恋爱假期》等浪漫喜剧。——译者注

② http://content.time.com/time/magazine/article/0,9171,1702358,00.htm.

承认的女性留下位置。

几年前，我看了《今日秀》中的一小段：一个女明星分享了她的新产品线。她有几个年纪很小的孩子，她丈夫的工作同样收入可观，也很忙碌。我很喜欢她。她长得很好看，看上去是个好妈妈、好妻子。她在生活方式领域取得了巨大的成功，是许多妈妈和家庭主妇的榜样。

但当主持人问她怎么"做到这一切"的时候——也就是说，她是怎么在运营一个价值上百万公司的同时又能做一个好妈妈和好妻子的——她直视着主持人说："噢，我只不过是做事很有条理罢了。"

我的下巴掉到了地上。她的意思是，任何妈妈如果愿意付出和努力的话，她们也可以做到这一切。

我对她的答案非常失望，我真的想像小孩一样大哭一场。因为事情是这样的：她的平台比我大十倍，我无法想象那天有多少崇拜她的女性在看这期节目，希望从中得到一点儿指导和灵感。但她却完全回避了重点。她有机会告诉我们所有人，在养孩子的同时，过上这样的生活、拥有这样的公司到底需要怎样努力，但她却放弃了这个机会。

她绝不可能——绝不可能——没有得到任何帮助。我为明星们工作了好多年，我猜她有一个管家，至少有两个保姆。她还得有助理。再加上她的"咖位"，我猜她和她丈夫还会雇佣一些我们都没听过名字的帮手来打理家庭事务，如"家庭经理""营养厨师"等。

这当然很好！我不会因为有人帮助他们而感到嫉妒，我只是希望他们能够说出来。因为如果不说出来，你可能永远也不会知道。如果你知道她经历了一天的拍摄工作，又在Instagram上看到她分享的丰富晚宴的照片，你可能会感觉很糟。因为你可能在家待了一整天，也做不出一顿像样的晚餐。你也许不会想到有管家或者厨师帮她准备了那桌晚餐，这还会让你认为，如果你足够努力的话，你也可以"做到并拥有这一切"。

这是从明星嘴里说出的最大的谎言！

朋友们，已经到达你梦想中那个高度的女性，在个人生活和工作中都在寻求别人的帮助。帮助也许来自她们的伴侣、妈妈、姐妹，也许来自兼职做保姆的大学生，也许来自一个月清理一次厕所的保洁阿姨。

我们有很多种方式可以去寻求帮助，但首先要理解，这只是第一步——没有人可以独自完成所有事情。我好像把这件事说得简单得和常识一样，对不对？但"白手起家"这样的词，却会让我们觉得这才是我们应该努力的方向。

我喜欢"白手起家"这个词，尤其是用来描述我的成功的时候，因为只有我知道自己花了多少努力才走到今天这一步。我起床的时候天还没有亮，我已经攒了太多航班里程数，我因为看不懂资产损益表大哭，我因为开不出工资而压力重重。

是我，是我，这些都是我。许多年来，我都坚持认为可以靠自己做成一切，因为这个想法让我充满动力，让我在孤独的创业道路上能够继续前行。过去几年的经历让我意识到，我确实是白手起家的。但从某种角度上来说，我也不算是。

最近，我才明白，没有人是真正白手起家的，因为你不可能只靠自己的能力做到一切。过去十年，我有一整个团队的员工帮我打理公司，我有一大批粉丝（一开始只有几个）向他们的朋友介绍我的作品，他们仍然是我见过的最活跃的团体。我的丈夫是世界上最卖力的拉拉队队员，他庆祝我的成功，一直从财务和精神上支持我。

我的成功是很多人努力的结果，现在也依然需要很多人的努力帮助。因为我敢于举起手来，请别人帮助我。

"嘿，老公，这周末你能照顾孩子们，让我把工作做完吗？"

"嘿，Instagram的朋友们，你们能把这个分享到你自己的社交媒体上，让别人也知道我写的这本小说——《派对女孩》吗？"

"嘿，经理，我可以满足你提出的条件，但我需要有人帮我，或者延长截止期限。因为我一个人在做所有的工作。"

当我想要为半程马拉松训练的时候，我询问了戴夫手下的一个员工，问他能不能给我提供帮助。我对他的唯一了解，就是他跑过马拉松。然后，他教会我长跑的所有注意事项。

当我想写第一本书的时候，我妈妈会在周末过来帮忙照顾我的孩子们，这样我才有时间写作。每当我想砸电脑的时候，她都会拿着零食出现在我的卧室门口。

当我的创业公司规模迅速扩大的时候，我意识到，我不能再独自经营这家公司了。我放下自尊，向戴夫寻求帮助。你知道只有高中学历的我，因为成了公司创始人和CEO（首席执行官）有多自豪吗？你知道我有多不愿意向他、向我自己承认，我已经没法同时运营公司和我的社交媒体了吗？

但问题是，在过去十年间，我已经了解到一点：当你要同时处理太多事情的时候，梦想有多容易让人筋疲力尽，甚至让人放弃。我吸取了教训，所以我开始寻求别人的帮助。

朋友们，我有帮手，有很多。而且，我总是在寻找更多解放自己时间的办法，来专注于实现我的价值。

人们总问我是怎么"做到这一切"的，我很乐意站在屋顶上大喊："我不是一个人做到的！"

我们的大女儿只有三个月大的时候，我就请了一个全职保姆。因为搬家和新出生的宝宝，我们总共请过三个保姆（不过不是同时）。玛莎、乔乔和现在的安吉把我们的孩子照顾得很好，也让我和戴夫能够去为我们的事业奋斗。她们来得早，走得晚。她们的奉献让我和戴夫可以一周外出约会一次。她们偶尔会在我家过夜，这样我和戴夫就可以小小地给自己放个假。我们的家人都不在附近，不能帮忙照顾孩子，于是，她们成了我的家人。

我无法想象没有她们帮忙的生活。

三年前，我们雇了一位全职管家。我们已经为此讨论和计划了几年，希望我们可以有钱负担一位全职管家，而这成了我们生活中最棒的奢侈品！孩子越多，我们就越不想把晚上和周末的时间花在洗衣服和拖地上。我们也迫切地需要有人帮我们采购、准备晚餐、洗车、遛狗……

工作上，我有自己的助理，霍利斯公司也有一整个团队的人来支持我的事业。我有造型师帮我选择参加红毯或者电视节目时应该穿什么衣服。要上电视的时候，我有化妆师帮我化妆、打理发型。如果没有人帮我的话，我可能连十分之一的工作都没办法完成。如果你觉得这些帮助也可以有，姐妹，你也要学会举起手来，承认你需要帮助！

你不需要靠钱来换取帮助：你可以和朋友互帮互助，或者让伴侣提供更多支持。你确实需要在情感上准备好寻求帮助并要意识到，当你想要为自己找到一条新的道路时，你不必一个人走。

我啰嗦了一大堆，但重点是，如果你不敢承认你需要帮助，你必须要仔细想一想，你需要什么才能走到下一步。如果你的目标需要时间，而你已经觉得时间不够，你也许真的需要寻求帮助。如果你的目标需要更多的你还没有学到的知识，你也许需要找一个老师。如果你的目标需要宣传，你也许需要问问你已有的客户是否愿意帮你扩散出去。

我曾经听说，那些被食物噎死的人，身边本来有人可以拯救他们的生命。这是个可怕的现实。他们坐在餐桌前和别人一起吃饭，被食物噎住却尴尬地不肯开口。最后他们不得不站起身来，当朋友问他们出了什么问题、是否需要帮助的时候，他们只是摆摆手，假装无事发生。然后他们去到另一个房间，只为不想打扰到别人。直到他们独自一人，连呼吸都困难的时候，他们才意识到自己需要帮助，却为时已晚。

你的挣扎并不意味着软弱，只意味着你是一个普通人。你的经验不足并不意味着你不会成功，只意味着你还没有成功。不要假装，不要掩饰，不要独自承受痛苦，不要把自己当成一位烈士。不要独自承受一切，而后又感到委屈。不要不敢花时间去做你想做的事，然后把时间浪费在你讨厌的事情上。

你洗的衣服再多，也没办法让你丈夫支持你的梦想。你不需要想方设法掌控生活，这是成年人与生俱来的权利。

当你有需要的时候，举起手来寻求帮助，不要在乎别人的看法。

学习游泳有一百种方式，而呛水却很简单，那就是不愿承认你呛水了。

行为五：为成功打好基础

我花了很多年的时间向女性讲述怎样获得成长，却没有意识到，她们缺少的是一个能让她们在受到激励的情况下去坚持追求目标的基础。

事实是，如果你的日常生活会阻止你向前，你想要实现一个目标的愿望已经不重要了。女性总会遇到许多麻烦，当我去深入挖掘其中的原因时，我才意识到，这是因为她们缺乏坚实的基础。我们通常不会把成功和追逐梦想前需要做的准备工作联系起来，通常我们只会将其视为生活的一部分。但如果我们没有提前打好基础，实现梦想反而会显得格外遥远。

如果我们希望在别的方向做出成就，就必须先做好基础工作，我们需要打好成功的基础。

我曾经听说过一个比喻，觉得非常贴切：想想你是一个玻璃花瓶，你身体直立，等着别人往里倒水。你只需要水就可以活下来，所以花瓶中充满了活力、精神、营养、爱和快乐等美好的事情。

但我们女性总是先担心别人，然后才会关注自己，所以我们会倾斜身体，把体内的美好分享给周围的人。我们分享给孩子、同事、父母、朋友。我们不停地倾斜自己的身体，这里一点儿、那里一点儿，最后……花瓶会倒在地上，摔成碎片。

我们花费了太多的精力去照顾别人，却在这个过程中失去了自己。

但是，如果你是一个花瓶，而且一直保持着直立的状态，你就会吸收体内的所有美好。最后花瓶里的水会怎么样呢？水会流出来，浇灌到你身边的每一个人。

我们听到这样的比喻，你会觉得："太棒了，我明白了！"

我要告诉你，你并不明白。你真的不明白！如果你觉得不舒服、痛苦、疲劳、焦虑、抑郁，那只能说明你站得还不够直，基础还不够稳定，还在浪费瓶身里的水。你还没有准备好成功，但你可以成功。以下是我能提供的一些建议：

保持健康

确保成功的最重要的因素，就是保持身体和心理的健康。就算你的状态不好，你仍可以实现目标，不过会更艰难。汽车爆胎了，你还是可以继续驾驶，但是，如果汽车轮胎饱满、油量充足，你就能开得更快。

过去十年间，我努力保持身体和心理的健康，并为此付出了很多，也明白了很多（参加了很多心理咨询），学到了很多改善健康状况的方法。以下是我保持身体健康，并有精力去追逐梦想的五个办法。

这就是我之前说过的"茁壮成长的五个步骤"：

1. 多喝水

你每天喝的水应该是你"体重的一半"。 这是很简单的数学——假如你的体重是一百磅①，那你应该每天喝五十盎司②的水。总有人会问我：难道你不会经常想上厕所吗？当然会，这就是关键，多喝水可以帮你的身体排毒。

喝水的重要性自然不必多说，但多喝水对想要减肥的人格外重要。脱水和饥饿的感受很像，很可能你不是饿了，你只是渴了而已。但你的大脑无法分辨出二者的区别，所以你无法控制自己的饮食。如果你饿了，不妨喝一瓶水试试。

也许你会说："我想实现这个目标，我想实现这个计划，我想要更好的生活，我想升职，我想做这件事。"但你并没有足够的精力，所以你总是放弃自己的梦想，你的生活也算不上顺利。你不知道背后的原因，但你从上周二开始就没喝过水了，你上一次喝水也只不过是刷牙的时候漱了漱口罢了。

多喝水是成功的重中之重，所以每当有人想要开始一个新

---

① 一百磅约等于45千克。——译者注

② 五十盎司约等于1.5升。——译者注

计划的时候，我都会推荐他们以这个简单的步骤开始。

多喝水，养成习惯之后，你就为迎接更困难的挑战做好准备了。

2. 早起

要保持健康的身体，你要做的第二件事是早起，并利用这段时间做自己想做的事。如果你是一位妈妈，早起能给你带来更多能量。我知道我不应该概括别人的家庭状况，但我坚持认为这个想法是对的。

如果你早晨被孩子们吵醒，你就完了，真的。你已经失去了优势。如果孩子哭闹起来，如果他们叫醒你要吃零食，你一天都会处在防御状态，而不是进攻状态。比家人早起一个小时是成功的关键——关键中的关键。

如果你觉得自己没有时间，那这一个小时就是属于你的！如果你想健身，如果你想读一本书，如果你想祷告，如果你想写自己的第一本小说，如果你想有时间追求你的目标，那你应该早起一个小时。

每当我建议别的女性早起的时候，她们总会说："我孩子才六个月大，我昨天晚上只睡了两个小时，根本没办法再早起一个小时。"

你在说什么？这怎么可能？如果你的孩子还不到九个月大，就忽略这条建议吧，等孩子们稍大之后再试试看。

对自己好一点儿。你能试着逼自己做一些新鲜的事情，这绝对是好事。但如果你的生活正在经历剧变，这一条不是你现在应该去考虑的。所以，如果你刚刚有了小孩，不用遵循这条建议。

也许你在想，**我是一名医生，我每天凌晨三点就要起床了**。天啊，我当然不希望你凌晨两点起床。但也许你可以在下班后找到属于自己的一个小时。加油！我们只是希望挤出一个小时的时间，去追逐内心的梦想。这是我希望你们做到的。

如果你挤不出一个小时，那你就没有生活。

别人总为我说的这句话生气，他们会说："你不了解我！你不知道我一天有多忙！"你说得对，我不了解你。但我知道的是——如果你在二十四小时内都无法挤出属于自己的一个小时的话，你就需要好好想一想生活中最重要的事情是什么。你需要扪心自问——你的时间都去哪儿了。

3.三十天内不吃某一类食物

我们要多喝水，我们要早起一个小时，之后我们要试着用简单的减法来关注身体所需的营养。我希望你们能够放弃一种垃圾食物，并坚持三十天。你听过那句俗话吗？如果你坚持三十天做同一件事，这就会变成你的习惯。

我希望你们养成不吃垃圾食品的习惯，如快餐、加工食物或者任何甜食！我不是让你放弃所有的食物，也不是让你找到新的节食方案，尤其是当你正在追求目标的时候，这反而会带来极大的压力。我只希望你选择一小类食物，然后把它当成《圣经》里的瘟疫，碰都别碰它。

如果你能放弃某样东西——我说的是不作弊的那种真正的放弃，那它就会变成一种习惯。我不喜欢"作弊"这个词，但如果你打断了对自己的承诺，习惯就会消失。对生活中大多数事情，如果你搞砸了，我一般都会说："继续坚持，继续坚持，继续坚持。"但如果你不能坚持这件事的话，就必须要从头开始这三十天的习惯养成。

你的挑战是，是否可以用一个月的时间，坚持你对自己的承诺。你甚至可以找到别的替代品。比如，你说："我不能喝健怡可乐，但我要喝柠檬汁。虽然柠檬汁里全是糖，但至少不全是化学物质！"

这个习惯并不在于你放弃了什么，而是要证明你可以信守诺言，也证明即便不吃炸鸡，你也可以活得好好的！

4.每天运动

你要多喝水，你要早起一个小时，你要在三十天内放弃一种食物，你还要多运动。你不需要去健身房参加课程，或者报名参加训练营（教练会冲你大喊一个小时），除非这是你想要的。但你每天至少要运动半个小时。

我直说了，如果你在一周七天里无法每天抽出时间、精力和意愿去运动半小时的话，问题就大了。我不是要你去跑马拉松，只是让你活动活动身体而已。

我知道你有一百万种原因躺在床上看电视、玩手机，但如果这是你空闲时间唯一想做的事情的话，你是在削弱自己的精力。你不需要达到特定的身材或者体重，但你必须要有精力。人是一种动物，就像猎豹、羚羊、狼獾一样。自然界里没有肥胖的动物，唯一会肥胖的动物和我们人类住在一起。

是的，野生动物不会肥胖，但是宠物会，而你不是一只宠物。你是一个有能力、漂亮、大胆的女性，你自己也应该认识到这一点。

有研究调查了世界上最出色的运动员、商业女性等人，在这些表现优异的人中，97% 的人每周至少会健身五天。他们并不是有着更好的运动基因，他们只是知道能量的消耗可以获得更多能量。

你真的想要实现你的目标吗？每天运动半个小时，确保你的身体可以健康地辅助你实现对未来的幻想。

5.感恩每一天

我希望你做的第五件事是最重要的。我希望你写下每天让你感恩的十件事。写在手机里，或者写在手账上，无论你用什么方式，每天记得花十二分钟记录。

不要列出宏大的事情，如感谢你的伴侣或者感谢你今天还能呼吸。写下当天发生的事情，如你今天买的咖啡很好喝；交通堵塞的时候有人让你加塞；你见了一个朋友；你五岁的孩子给你讲了一个并不好笑的笑话，但你还是笑得很开心。

如果你知道自己应该在一天结束的时候总结让自己感恩的事情，你就会去积极地寻找。如果你积极地去寻找，神奇的事情就会发生，你真的会找到美妙的事情。

当你以感恩的心态去生活的时候，一切都会发生改变。从大量的好事之中，我们可以发现新的可能性。这让我们相信好事的存在，相信好事可能会降临在我们身上。如果要打好成功的基础，相信"我会成功"这件事对你的成功会是一个很大的帮助。如果你无法做到所有的五件事，那至少坚持做这一件。

如果你不想做这五件事，那就试试最后一条，并坚持一个月。根据我自己的经历，如果我坚持用三十天的时间做一件事，它就会变成习惯。如果你做到了连续一个月表达自己的感激之情，那也许你可以试试多喝水，再试试多运动。这都是为了为你的成功做好准备。

你可以在精神和身体状态不好的时候依然追寻目标，但是，如果你照顾好自己，就可以获得更多的能量去实现你的梦想。

整理好你的个人空间

小时候，我家总是杂乱无章。也就是说，我在长大的过程中经常缺乏安全感。所以，我每天都会整理好我的床。当我买下自己的第一间公寓的时候，它的位置很不好，但房间里总是很干净——这是我能控制的。

你的家是你可以控制的地方，也是你最容易掌控的地方。几年前，我在看"奥普拉·温弗瑞秀"，她说："你的家应该和你保持同样的档次。"

如果你的家杂乱无章，你需要清醒一点儿。如果你总是在Instagram上欣赏别的女人井井有条的生活，借此逃避你的生活是一团糟的事实，你需要清醒一点儿；你的家反映了你的内心和头脑。如果你觉得失控了，那就从改变你身边的环境开始做起吧。

我知道，也许有些读者并没有自己的房子，并不拥有一切，只有乱糟糟的一小片天地。但你们依然应该打理好属于自己的一小片地方，如你的床、车、办公桌。让你的生活井井有条，保持个人空间的整洁，在装饰上多下点功夫。这些事情会帮助提升你的自尊，也会帮你给自己、生活和孩子们设定一个标准，这并不需要花钱。自尊不消耗任何东西，除了你的努力。请打扫干净吧。

另外，个人的空间不仅需要保持干净和井井有条，也需要充满能够提醒你有梦想的东西。比如，当我打开衣柜门，我看到的是一块写满了待办事项、贴满未来梦想的白板。因为我想要每一天都提醒自己，我未来想要的是什么，所以我用可以激励我的照片和文字贴满我的车、办公室，甚至连浴室的镜子都不放过。

这一章都是关于如何为你的成功打好坚实基础的内容。你所居住的空间可以是你新生活的开始，也可以成为当你被风浪打倒时救你一命的锚。

建立社群

你最熟悉的五个人会塑造你。想一想，你和谁经常见面？你平常接受的是怎样的看法和视角？这五个人中，谁的生活过得更好？也就是说，他们身上有能启发你的地方吗？他们有可以让你学习的技巧或者特点吗？你和他们相处的时候，他们可以帮你提升你生活的某个方面吗？

如果你是他们中间最聪明的人，那你交错朋友了。如果你是朋友中最专注于个人发展的，如果你是最想成功的，如果你是最有热情的，如果你比别人做得都好，那你交错朋友了——在你希望得到提高的领域，你应该找比你更优秀的人交朋友。你应该希望你的优势可以给他们带来积极的影响，反之亦然。

不过，如果你朋友圈里的人都需要你去激励他们，你一个人肯定是做不到的——他们只会拉低你的水平，而你却无法提升他们的水平。

我并不是要你因你的朋友不像你一样专注于个人发展，就放弃你已有的友谊。我只是建议在你希望有所改善的领域，你能经常和这些领域的"赢家"沟通。

我希望我的朋友能够给我提供做妈妈、妻子、职场女性和朋友的榜样。如果你希望发展事业，但你的朋友们却津津乐道于照管家务，他们能有多支持你呢？如果给你提供建议的朋友们不相信婚姻，他们又怎么能给你的婚姻提出建议呢？

我记得有一年夏天，我们在夏威夷度假。那时候，我的婚姻出现了很多问题。度假的时候，我已经对自己和戴夫的这段感情感到失望了。我生他的气，甚至对那次度假的方方面面都感到不满意。

度假过半后，我最好的几个朋友来看我，我去机场接他们。我一直等着这一天，想着："**太好了，我的朋友们要来了，我要和她们'吐槽'戴夫到底有多糟糕，她们肯定会附和我的。**"她们肯定会和我一起骂——"男人们都是蠢货"。我都计划好了！

当我们坐进车里时，我开始对她们疯狂"倾倒"我的不满。我只想说，我太幸运了！听了我的话，她们马上开始帮我分析在婚姻中需要什么，提醒我友善一点儿，告诉我任何人都会有失望的时候。她们提醒我，当事情很糟糕的时候，才是最需要伴侣帮助的时候。

如果当时我最好的朋友们没有提醒我强大又美好的婚姻应该是什么样的，而是表达了完全相反的意见，那我和戴夫就会走上完全不同的道路。她们会给我的愤怒火上浇油，让情况变得更糟——这是很可能发生的。

你的朋友们是在促使你进步还是在拖你退步？

你最熟悉的五个人会塑造你。请仔细选择你的朋友。

培养好习惯

为了成为我想成为的样子，我养成了很多好习惯。我学着改掉已有的坏习惯，培养能帮助我持续精进的好习惯。许多人觉得，一件事、一个机会就能让他们在方方面面获得成功。但现实是，成功需要你一遍又一遍地重复做五十件事。我要告诉你，强度并没有坚持重要。但是，有时候你坚持了一段时间，可能什么都不会发生。什么也不会发生，什么也不会发生，但是突然有一天你会发现：**天啊，这个成就是怎么来的**？

你现在有哪些习惯能帮助你实现梦想？美好的生活意味着有好的习惯。但什么是习惯？习惯由三件事情组成：

1. 一个提示。

2. 一个行为。

3. 一个奖励。

一个提示代表有事情要发生，对你来说，这是一个奇迹。它提醒你的大脑，现在应该采取行动了（通常完全是潜意识的），你会得到某种奖励。

　　比如，我曾经会情绪化饮食。对于情绪化饮食的人来说，每一种情绪都是吃东西的提示。伤心的时候也要吃东西开心的时候要吃东西，焦虑的时候要吃东西，发疯的时候要吃东西。

　　我以为食物是最容易让我感觉好一点儿的方式。所以，成年之后，每当我焦虑或者害怕的时候，我都会在晚上十一点去厨房吃掉所有的食物。

　　焦虑是我的提示，暴食是我的行为，更是我的奖励。有那么短短一段时间，暴饮暴食让我兴奋，而兴奋让我觉得快乐。但吃完二十分钟后，我就会想："**你真是个废物！你的节食计划又失败了。你努力了这么久，就这么放弃了。你真是没用。**"

　　否定自己过后，我又会想："**好吧，已经这样了，再吃块甜点吧。**"我会吃块甜点，感觉好一点儿，然后再经历一次这样的循环。

　　这样的循环一次又一次地发生，直到我终于意识到——问题不在于压力，而在于当压力的提示出现时，我潜意识里选择的行为是不对的。我无法改变生活中即将发生的事情，有时候我确实会觉得害怕、难过、焦虑。但我能改变的是提示出现时我做出的行为。

　　现在，当我焦虑的时候，我会去长跑或者健身。以前我总是很讨厌别人对我说："如果你觉得有压力，就去健身吧。"我会想："去你的！不是每个人都喜欢健身，好吗？"

看上去改变任何事情总是很简单的。比如，减肥很简单，塑身很简单，攒钱也很简单。这些听上去都很简单，却并不容易，也不会迅速实现。你不会马上得到奖励，你必须要选择做更难的事情，之后你才有可能得到奖励。生活中大部分事情的矛盾在于——你想做的行为（坏习惯）会更快给你奖励，而不是让你变得更好。

改变是很难的，因为做出错误的选择总是比做出正确的选择容易，而你已经养成了选择坏习惯的习惯，你会觉得这样的选择更自然。无论你为什么读这本书——也许你需要好身材，也许你想饮食更健康，也许你需要更在乎伴侣，也许你想成为一个更好的妈妈，也许你想要变得更冷静一点儿，也许你想要对抗你的焦虑或者抑郁，或者你想用感恩和开心去取代你的抑郁——也许你想做到以上所有事情。但是，也许你有脾气暴躁、暴食、酗酒、忽略孩子、工作狂的习惯，而且已经持续了一年、十年或者半辈子。你了解你的习惯，你可以自己填空。也许这会让你觉得，你永远也没法用好的行为去纠正坏的，但我非常清楚地知道，如果你还在呼吸，如果你还活着，你就可以重新开始。

你可以不停地重新开始，直到你忘记了想放弃的感受，能朝着正确的方向前进。无论你正在面对什么，无论你的困难是什么，无论你要翻过哪座山，无论你正试图克服什么，总有方法可以掌控你面前的事。只要你每天回到这件事上，并坚持为之付出，就可以做到。

建立晨间计划

关于成功的基础这一话题，我想告诉你的最后一件事，就是最重要的晨间计划。我知道，我在这一章开头的时候提过这个话题，但这是为成功打好基础最重要的一部分，所以我希望再花一点儿时间深入探讨。

也许你很难相信，但充实的清晨时光真的是为成功打好基础的关键——直到我有孩子之后才意识到这一点。

在有孩子之前，早晨是完全属于我的。我可以决定起床的时间，还可以决定用早晨的时间做什么。我从来不会一睁开眼睛就看见一个小孩盯着我，像恐怖电影《玉米地里的小孩》中可怕的龙套角色一样！

有了孩子之后，他们掌控着我的晨间时光。如果我是那种井井有条的妈妈，让抚养孩子看上去毫不费力的话，这应该不算什么大事。然而，现实通常很残酷，总会出现无数个意外和混乱，这也给我带来了不少挫败感。

因为早晨总是过得混乱又沮丧，所以，几乎每一个工作日我都是以烦躁又沮丧的心情开始这一天的。我很难通过做什么来改变这一切。

直到我每天比孩子们早起一个小时之后，我才明白，提前做好准备能给自己和家人带来多大的变化。现在，我会特意围绕我想过怎样的一天来制订我的晨间计划，因为如果你能把早晨过好，你就能过好一整天。

这是你能为自己设定的"终极"计划。我的计划里囊括了很多实践过许多次的内容，这样我才能开始完美的一天。我把我的计划分享给你们，这样你们也可以规划自己的晨间计划。

早晨五点起床。我的孩子们一般会在早上六点四十五分起床，所以我会在五点四十五分之前起床，给自己一个小时"只属于我的时间"。后来我觉得一个小时的时间太过紧张，而我很享受早晨起来慢慢煮一杯咖啡的过程，不想草草了事。所以我选择早晨五点起床，然后打开咖啡机（也许有一天我能学会怎样提前设定好）。煮咖啡的时候，我会喝一杯水，然后开始我手头正在处理的工作。我喜欢在早晨处理大项目，因为我还不够清醒，没精力质疑自己，这意味着我可以取得更多的成效。

完成早晨的工作后，我会做十五分钟的感恩祈祷。你可以把它当成一种有指导的祷告。我利用这段时间来思考我接受的恩赐，这样我从一天初始就能意识到我应该感激的所有事情。

接下来，我会写日记。我习惯于快速写下我这一天的目标、我所感恩的几件事，并写下一段激励的话语，提醒我想成为什么样的人。

在完成一些事、喝完咖啡、做好精神准备后，我就会去叫醒我的小家伙们。接下来的一个小时都是围绕着孩子们的。我们穿衣、刷牙、吃早餐、准备他们的午餐餐盒，然后我送每个人出门。

把孩子们送到学校后，我马上准备好进入工作状态，而且总是在听节奏轻快的音乐。我热爱音乐，并用音乐来给自己加油鼓劲。我在浴室里放了一个亚马逊的"回声"智能音箱，这样我就可以用语音指示它播放我想听的音乐。我很喜欢能够一边洗澡，一边说："亚历克萨，播放泰勒·斯威夫特的《通通甩掉》。"两秒钟之后，我就可以跟着泰勒的歌摇摆了。

准备好工作前，我会回到厨房做一杯蔬菜奶昔。它的味道并不好，也不能提神，但能给我提供很多营养，让我几小时内都有饱腹感。蔬菜奶昔能让我健康地开始一天的工作，并为接下来的几个小时打好营养基础。

我的晨间计划的最后一件事，就是写下我的十个梦想和一个能让我最快实现梦想的目标。10，10，1，还记得吗？在开始准备完成每天的工作事项之前，这能让我集中精力。而且，我还有一个写满了提醒自己想成为什么样子的笔记本。

行为六：不要让别人说服你放弃

你有没有动力十足、准备好推进目标的时候？也许你已经准备好开始"瘦身大业"，并且已经取得了不小的进展；也许你准备好回学校深造了；也许你正在为半程马拉松训练……不管你的目标是什么，你已经准备好了，但是，有人跳出来劝你放弃。

这种情况可能有一百种呈现方式，但大多数情况会是这样的：你节食的进展很顺利，结果你去参加家庭聚餐，某个（或者几个）家人却对你喋喋不休："**今天很特殊！今天是圣诞节！我们总喝玛格丽塔鸡尾酒，什么，你今天不喝了？**"关键是，你要在家庭和节日聚餐的时候坚持节食，本来就不是件容易的事。所以，如果他们难为你（最好的情况），或者无情地嘲笑你（最糟的情况），你就会被他们说服，并暂停节食。

也许你正在为第一次长跑做训练，也许你决定回到学校修读硕士学位。一开始，你身边的人都支持你：回到学校是件好事，健身塑形也很棒。但当你开始在日历中为这些事项安排时间时，你会遇到问题。

也许，当比赛竞争越来越激烈，你需要更多的时间接受跑步训练；也许你需要学习，需要写课程论文。你以前的空闲时间现在都用来实现你的目标了，而你身边的人开始觉得他们落后、被抛弃了。更典型的情况是，他们觉得你不再随叫随到了。

你开始觉得，你为自己做的选择显得越来越自私，而有一个很亲近的人对你说："你知道吗，你周四要上课，我很难靠自己照顾好孩子们。"或者，"我们以前总是一起出去玩，现在我都见不到你了！"你开始为自己的选择而感到内疚，每一天似乎都更加艰难。所以你放弃了，只希望能让所有人开心。

我们能仔细考虑一下这件事吗？为什么有些人会因为你在追求梦想而责怪你不能随叫随到呢？我之所以想聊聊这个话题，是因为总有人问我类似的问题。

怎样才能让我妈妈更支持我？

怎样才能说服我老公看孩子，这样我就有时间健身了？

怎样让我男朋友和我一起健康饮食，这样我也更容易坚持下去？

怎样才能让我爸爸支持我转专业的决定？

这种情况下，我能给出的最好的建议就是：

如果你想改变别人，首先要改变自己。

人们改变自己，通常是因为他们受到榜样的启发，并非因为他们被强迫着改变；人们改变自己，通常是因为他们在别人身上看到了可能性，并非因为有人在他们耳边一遍遍地描述可能性。除非你有勇气、意愿和决心改变自己，你才有可能改变别人，而你永远也不会做任何让别人感到不方便的事情。

任何感情里都有不方便的情况。每周六，我会一个人照顾四个孩子们，这样戴夫就可以去健身房了。到了周日，他会一个人照顾四个孩子，这样我就可以去长跑了。独自一个人照顾这些精力旺盛的小家伙方便吗？当然不方便，但我们都希望对方能变得更好，所以我们愿意做一些我们觉得困难的事情，让我们的伴侣有机会发展。

有多少人连续几年加班，让他们的伴侣可以拿到学位？你做过多少次采购？你的伴侣会扔垃圾、洗衣服、起床照顾小孩，只为了让你轻松一点儿吗？偶尔的不方便是生活的一部分，如果你愿意帮助别人，那你最好也愿意要求他们帮助你。

有时候，解决问题只需要一次成人间的对话。但还有一些时候，你的抵触情绪可能会让你不那么坚定。当你开始为了新的追求而重塑自己的生活时，你身边难免有人会觉得不适应。

你的朋友或家人不支持你的原因可能有很多：不安全感、害怕、自我保护、自满，等等。但这本书与他们的理由无关，这本书是为了启发你。所以，听好了：平庸的人会一直试图把你变平庸，烂人会一直试图把你变成烂人。

无论是出于何种原因，你生活中的这些人在个人发展的道路上，和你并不在同一个水平线——这没什么。我们都有各自的路要走，你的任务不是拉着他们一起向前。你的**任务**是为**你自己的生活**奋斗，为你自己的梦想努力。我朋友伊丽莎白说过："你需要的不是愿望，而是动力。"

也就是说，你做出的决定不需要别人指手画脚。你会为自己的梦想而努力，坐在沙发上享受慵懒的人没资格告诉你应该怎样打拳击。如果你不为自己站出来，如果你不再努力，如果你不愿意和我一起长跑、一起写下你的愿望、一起养成新习惯，如果你不愿和我一起为了更好的自己而奋斗，那你就没资格提出意见，你也不能随便给我的作品差评！

因为别人的意见而放弃你的梦想，这可能是最难克服的坏习惯，但也是你最应该学习的。这件事的难点在于，我们在乎别人的意见，这是我们与生俱来的特质。但我们之前已经说过，别人的意见与你无关。

但是，当我们最爱、最在乎的人提出意见（哪怕是错的）时，我们就会忘了这件事。你无法控制别人如何表现、如何评价或者是否会支持你。你能控制的只是你对他们做法的回应，你能控制的只是是否把他们的情绪当作你放弃的原因。你不用疏离每个人，也不用和你亲友开展口舌之争。

以下，是一些你可以更好控制自己反应的办法：

1. 问问自己，你的生活是否需要这个人

如果有人不希望你成长，或许他们并不理解，这要么是因为你们之间有需要解决的问题，要么是因为对方根本不需要出现在你的生活中。在你生活中出现的人，要么可以和你愉快地互动，要么你根本不需要他们，就是这么简单。

也许有人会觉得这样的想法太极端，但你真的不需要和消极、差劲、让你焦虑、让你展现最糟糕的一面的人交朋友。家人也是一样。我在成年之后，就和一些总是讥笑我、指责的亲戚断绝了联系。小时候，我不能做出这样的选择，但成年后，我决定，绝对不让任何差劲、糟糕、制造麻烦、欺负别人的人进我的家门，更不用提靠近我的孩子们了。

我们不应该成为这样的人，虽然我很怀念我们之前的愉快时光。和他们断绝联系一度也让我很伤心，但我不愿意为了被邀请参加一年一度的夏季烧烤聚会，而和他们度过一段并不开心的时光。要么和善，要么离开，这是我们的座右铭。如果你不能遵守，那我的生活中不需要你这样的人。

2. 见面前做好准备

通常情况下，正确的做法并不是把某人完全排除出你的生活。通常情况下，你能分辨出别人出现了不安全感，而你决定

不受到它们的影响。但如果你站在会否定你的人面前时，再去决定怎么回应他们，你就完蛋了。这就像正在节食的时候，你要等到饿了才去决定吃什么。如果你不用心的话，你就没有任何机会成为你想成为的样子。希望不是一个策略，记得吗？下一次，在和不支持你的人见面之前，你要先问问自己应该如何绕过问题。

请注意，我说的不是避免问题。如果你去参加感恩节晚餐，心里的计划是喝红酒喝到烂醉如泥，这样别人的消极评论就不会影响到你了——自然这并不是一个很有效的计划。相信我，我有过教训了。你应该先问问自己可能会出现什么情况。知道你要怎么做，提醒自己为什么要做这件事，为什么这件事对你来说如此重要。

可以先从生理上做好准备，听一些激昂的音乐，让你头脑清醒一点儿，你知道这次经历和互动会很棒，因为你不允许别的可能性。如果这次互动因为和节食、健康、锻炼有关，导致很艰难，那你在聚会见面之前可以考虑一下吃东西、健身，或者做一些你觉得有必要的事。这样的话，你就已经把该做的事情做完了。

几年前，我决定只吃鱼和素食。当我参加家庭聚会时，我总是找不到可以吃的东西。别人会注意到我的盘子几乎是空的，而这通常会引来类似"她太都市人风格了"这样的评论和调侃。

许多时候，我会向这些调侃投降，吃一点儿我根本不想吃的东西，但离开的时候我总会觉得既生气又沮丧。

对于这些很可能不理解我的决定的人，我需要准备好去进行一次更成功的沟通。现在，每一次我参加家庭聚会的时候，我都会带去一大份沙拉和素食配菜，这样我的盘子永远是满的，而大家也不会在乎我到底吃的是素菜还是肉。而且，我做的沙拉真的很好吃。如此一来，每个人都能各得其乐了。

仔细计划能让事情更容易

我希望能在这一章简单地告诉你们，让你身边的人接受一切，而不是表现得像不能支持你的废物一样。但事情当然没有这么简单。我的婚姻、我和家人的关系没有这么简单，所以我知道你的关系处理起来也不会容易。每当我接下一个新项目或者每当工作特别忙的时候，我会提前做好规划，让戴夫能够轻松一点儿。

我请好保姆，规划好工作，像疯子一样规划好几乎所有事情，把麻烦降到最小。不过，为你的目标而奋斗，就意味着你需要牺牲生活中别的领域。

比如，当你晚上上课的时候，你的伴侣要哄孩子睡觉；当你专注于锻炼的时候，你不能和闺密们在每周二晚一起聚餐了；当你把时间和精力都放在你的目标上时，你可能没法专注于别人期望你做的事情上。

　　和你的伴侣、朋友或者你很重视其看法的人聊一聊，告诉他们你这么做的原因，告诉他们你要怎样实现目标，然后一起找出那些你们必须要做而现在可能无法照做的事情，并找出替代方案。如果你尽力做了所有分内之事，让这个过程对你爱的人来说容易而公平，那你最好准备好迎接即将袭来的内疚感，而这种内疚感会慢慢地蚕食掉你的动力。

行为七：学会说不

我知道，这会让我成为某些社交圈里被鄙视的"下等人"，但我仍然要说出来：我不在我孩子们的学校做志愿者。

不是因为我没有时间。虽然我的日程安排很满，但我知道我要做什么，我还是可以挤出时间的。也不是因为我没有机会去做这件事，因为我和其他父母一样，也会收到参加手工日、郊游或者参观家庭农场的邀请。我不在孩子们的学校做志愿者，是因为我讨厌这种活动。

我知道又有人要批评我了，但我必须要说实话——做志愿者是我的噩梦。

前几年，我总是报名做志愿者，我负责组织工作，把周四的文件夹装好，策划聚会，秋季郊游的时候带领孩子们穿过南瓜地。除了能在工作日和我的孩子们共度一天之外，我讨厌这份工作的每一分钟。

妈妈们就应该愿意参加学校活动，对吗？她们应该愿意做志愿者，她们应该喜欢地球上的每一个孩子，尤其是她们自己孩子的二年级同学。

但我不喜欢。

郊游的时候，有些孩子真的很糟糕。你明白我在说什么！每周四装文件夹也很无聊，她们逼着我坐在一张半圆形的桌子旁边，椅子是给八岁小孩子准备的。说实话，我真的好想躺在那张桌子上等死。

我讨厌这一切。

不过，我要说清楚一点，如果有些工作是需要完成的，我还是会做的。我虔诚地参加了两年幼儿园委员会会议。我在当地小学冬季开放节的零食吧做志愿者，还策划了年度筹款。为什么？因为没人做这些事，如果这些工作需要完成，那我就会帮整个团队做好这件事。

几年前，珍·哈梅克[①]曾引用过这句话："如果你不是完全愿意，那你就是不愿意。"[②]也就是说，如果有人要求你做计划外的事情，你的第一直觉不是"当然可以！"那你就应该说："不了，谢谢。"

---

① 珍·哈梅克，作家、演讲家，博主和电视节目主持人。她曾为《今日基督教》杂志撰稿，并是家庭园艺频道节目《家庭大装修》的主持人，曾出版过畅销书《为了爱情》。——译者注

② 原文来自德雷克·锡弗斯。珍·哈梅克说："2016年，你希望自己的计划能够把现实生活放在最重要的位置，并专注于那些你认为最重要的事情。"Facebook，2016年1月4日，https://www.facebook.com/jenhatmaker/posts/as-you-move-into-2016-hoping-for-a-saner-schedule-that-prioritizes-your-actual-1/881671191931877/。

在学校做志愿工作并不是我想做的事，除非他们缺帮手，不然我是不会参加的。学校里有些妈妈对我冷眼相向，但我保证，有人（也许有很多人）读到我不喜欢做志愿工作的时候也会非常生气，会因为这一件事认定我是一个坏妈妈。

你永远不应该承认，你不喜欢为人父母应该承担的某些责任。这是不成文的规则。不在学校做志愿工作？我已经可以想象有些读者对着天空挥舞他们的拳头了。**什么样的怪物才不想为美国的儿童们提供帮助？什么样的混蛋连一周在学校帮忙一个小时都做不到？你应该想清楚该做什么，姐妹！**

关键是，我非常清楚自己我的优先事项是什么：

· 我自己、我的个人发展、我的信仰。

· 我的丈夫，我们彼此对一段出色婚姻的承诺。

· 我的孩子，我对成为一个出色的妈妈的承诺。

· 我的工作，我让更多女性改变原有生活的任务。

我知道这里有点冲突，因为我列出了自己要成为一个出色的妈妈，又承认我不愿意在孩子们的学校做志愿工作——因为我并不觉得在学校做志愿工作就等于我是一个好妈妈。也许你是这样认为的，这很好，因为它可以指导你如何分配你想做和不想做的事。但对我来说，志愿工作并不同于成功的父母。

在运动会上加油呐喊；听几个小时的学校音乐剧；定期组织家庭聚会和度假；带孩子出差，让他们能单独和我待一段时间；给孩子们读睡前故事；晚上给他们盖好被子……这些对我来说才是妈妈神圣而不可懈怠的任务，是我作为父母完全愿意做的事，是我无论如何都会完成的任务。

但为了保证我有时间完成优先事项上的所有任务（不止是我的孩子们），我需要知道对我、对孩子们来说，什么是最重要的。

我并没有在优先事项上写"让别的妈妈认可我"，也没有写"我的生活应该符合别人的期待，我要考虑别人优先要做的事"。我没有时间和精力去做别的事。我已经决定了生活中应该专注于四个领域，如果我被邀请参加的活动不属于这几个领域的话，那我就不会参加。

记住，当所有事情都很重要的时候，每件事情就都不重要了。如果每件事情都需要你的注意力，那你永远也不可能专注。如果你允许别人管理你的日程，他们真的会这样做的。

我学会了说不。

此外，我还学会不内疚、不羞愧地说不，这种感觉真的很神奇！我的家人可以理解我的生活，而我们真的都从中收获了很多。我的孩子们也有时间专注于我们觉得重要的事，我的生活也不用过得那么疲惫漫长。

你学会说不了吗？你需要学会说不吗？如果你想要学习拒绝，以下是我的建议：

马上回应

如果想要在工作上井井有条，我们应该"所有事情只做一次"。也就是说，如果你打开一封邮件，应该马上回复；如果你要参加会议，当时就应该有一个计划。

你的时间安排也应该采取同样的策略：只要有人对你提出要求，你就要马上给出肯定或否定的回答。不要说"也许"或者"可能"。"也许"和"可能"代表着"我真的不想做这件事，但我不想说出来"。你很可能之后也不会有勇气告诉要求你的那个人——你并没有兴趣。你会一直想着这件事，直到已经来不及取消，不得不去做这件你并不想做的事。于是你变成了一个有苦说不出的芭比娃娃。

如果有人要求你做什么事，忠于自己的直觉，马上给出回应。

礼貌但诚实

朋友们，我真的会收到很多请求。你可能无法想象我收到了多少邮件，每个人都要求我给出指导、建议、支持和产品推荐。

很多年来，我同意每一次一起喝咖啡的邀请，每个需要我帮忙的情境，每个出现在我面前的慈善机会——我被淹没在了其中。我不知道怎么拒绝，因为我觉得自己有责任回馈和支持别人。

有一天，我突然醒悟过来：每次我给别人一个小时，我的孩子们就失去了一个小时，我就少了一点本应该投入在婚姻中的时间。我对别人说的每一个同意，都是对我和我的优先事项说不。所以我开始诚实起来，但我会用最礼貌的方式。

对于需要我时间的人，我会告诉他们，我没办法帮忙，因为这会挤占我陪伴家人的时间。说真的，谁会因为这个理由生气呢？没人会的。从来没有人因为这个原因进一步逼我，但有很多女性回信告诉我，她们从来没从这个角度考虑过。

对别人的计划说是，就是对自己的计划说不。诚实地说出你正专注的事情，并礼貌地说出来。

严格

这和"只做一件事"基本是同样的概念，因为如果你不能有效地拒绝别人的话，有人就会一次次提出要求，这既浪费你的时间，也浪费他们的时间。严格做事，不找借口，除非你真的想之后再抓住这个机会。

同时，对自己也严格一点，因为你对你和你的目标都做出了承诺。学会说不，学会高效率地拒绝。

Part 3 应该获得的技巧

skill

技巧

名词

1. 做好某件事的能力；某种知识或技能

在这一部分，我们讨论的是技巧，而不是天赋。技巧不是你与生俱来的特殊天赋，而是你学到的能力。想学习一系列新技巧，或者想在某一领域得到发展，你需要专注、时间和努力。

好消息是，就算你现在还不会这些技巧，仍然可以通过学习把它们变成你的优势。记得吗？我们不能找借口——我在第一部分就已经告诉你了。

技巧一：规划

我和戴夫第一次去荷兰首都阿姆斯特丹的时候迷路了。

我们那时候还很年轻，正值新婚燕尔，之前从没有去过欧洲。我们犯了所有冒失的旅行者都会犯的经典错误：我们旅游的时间不多，却要去太多国家；我们去的都是世界著名景点；我们总是担心劫匪会抢走我们的包——虽然我不愿承认，但我们把护照和现金都用维克罗牌的特制包装好，放在了内衣内裤里。

我们去了伦敦、罗马和佛罗伦萨，还因为当地人罢工被困在了威尼斯。但在那之前，我们先去了阿姆斯特丹。

我们乘坐廉价的瑞安航空从伦敦飞抵阿姆斯特丹。当我们快要降落的时候，因为雾太浓，飞机不得不重新找地方降落。又飞了很久之后，我们降落在了另一个国家——德国。

我当时连德语翻译书都没有准备，我也没有写着有用的英语短语的德国版《孤独星球》，因为我根本就没打算去德国！我们完全不知道发生了什么。

最后，我们决定坐大巴去阿姆斯特丹。大巴上挤满了穿着皮大衣的欧洲人，闻起来就像汽车在高温下暴晒的味道，酸臭刺鼻。我们一路强忍着恶心，却又不确认坐的车到底对不对。

接下来，我们换乘了火车。如果我们是在现在遇到这种情况的话，我真的没法想象我们是否能再成功一次。也许我们只是盲目地跟着一路和我们一样乘坐飞机和大巴车的人上对了火车，但我们最后还是抵达了阿姆斯特丹。走出火车站，我们根本不知道怎么去酒店。我们打印出了酒店的名字和地址，尴尬地向每个人问路。

"你知道去这个酒店的路吗？"那个人不会说英语，我们再找另一个人。

"不好意思，你知道去这个酒店的路吗？"另一个满脸疑惑的人不知道怎么回答我们。

每个人要么不理解我们在说什么，要么用一种我们听不懂的语言给出了答案。我们拦下了一辆出租车，把地址给司机看。

"阿姆斯特丹。"他告诉我们。

"是的！没错，先生，是在阿姆斯特丹。"我们这个时候已经筋疲力尽了，而且花了差不多一个小时的时间问路，身后还拖着行李。

"阿姆斯特丹。"他重复了一遍。我们充满疑惑地看着他，于是他开车走了。

我们开始问路过的每一个人，最后终于找到了一位勉强会说英语的男士。

"先生，你知道去这个酒店的路吗？"我指着手里那张又皱又脏的纸上写着的地址。

他看了看那张纸，抬头看看我们，又看了看那张纸。

"是的，是阿姆斯特丹。"

"对，我们知道，"我指了指身边的街道，"我们应该往哪个方向走？我们怎么去这里？"

"是阿姆斯特丹。"

我真想大声尖叫或者哭出来，他应该是感受到了我的绝望，因为他生硬地挤出了一个回答。

"酒店是在阿姆斯特丹，"他告诉我们，"你们在这里。"

我开始害怕起来，"这里是哪儿？"我问他。

他摇摇头："不是阿姆斯特丹。"

朋友们，我们根本不在阿姆斯特丹。

原来，我们距离阿姆斯特丹还有两个小时的车程，我们本应该再坐另一趟火车才能到，但我们什么也不知道。我们太懦弱了，只知道跟着人群走。两个小时的飞机变成了一整天的飞机、火车、汽车，最后我们很晚才到达酒店。我确信这是因为上天不想让我们旅游时太过安逸，但我要说的重点仍然没有变。

实现目标的第一步是认清你的方向。问题在于，人们通常会认为他们只需要知道方向就够了，但他们忘记了拼图中最重要的一块：只有你知道起点和终点的时候，地图才有用。换句话说，当你不知道自己身处何地的时候，永远也抵达不了终点。

你需要一个路线图、一个起点和一个终点，需要知道一路的路标、距离指示牌在什么位置，还需要一个计划。你可以每天畅想一番自己想要做到的事情，但如果你没有一个计划的话，说什么都不算数。人们不会因为自己不知道要去哪儿而迷路，却往往因不去查看他们是否还在正确的方向上而迷路。

你会在没有地图或方向的时候去旅行吗？只有在不在乎去哪儿的时候，我们才会这样做——我们开着车，听着音乐，看看能发现什么好玩的地方。但如果我们确定了想去的地方，并想好了一个目的地，我们总是会带上地图。为什么？因为地图可以让我们更快、更有效率地到达目的地；因为在地图上，我们可以规划和期待路上可能发生的事情。

与之相反，当你在路上时，很难马上想出实际的对策。

过去的十五年中，我把这种"地图策略"运用在每一个重要的工作项目和个人目标上。这让我在策划行业获得了非常重要的客户；让我在没有公关公司帮助的情况下为自己预定了媒体活动，得到的曝光度让我的事业有了更大的进步；让我跑完了一万米、半程马拉松和全程马拉松；让我写成并出版了第一部作品。

从工作到个人感情，我做的每一件事背后都是同样的策略和目的，我相信它可以适用于每一件事。这个策略并不复杂，只有三个组成部分，关键是要从另一个角度去完成这三个部分。

我们从小就学会先从第一步做起，然后是第二步，最后以第三步结束。但是，如果你不知道第二步是什么，你就会失去方向。而且，如果你从来没有实施过这些步骤，又怎么能知道每一步要做什么？

我发现，如果改变一下顺序，把第三步作为开始，以第一步作为补充，我就会更容易知道中间那些能帮助我更进一步的步骤是什么。

我是这样做的：

终点线

首先，你要从第三步开始。也许这和你的直觉相悖，但对找到你的方向非常有帮助。我们现在已经做好了足够的准备工作，你应该已经有了一个清楚而明确的目的，一个你正在专注的目标。这就是我们开始的地方。

为了让你更好地了解我是怎样运用地图策略的，我会分享我过去的一个个人目标。我想出版一本食谱书。我那时候是一个美食博主，而出版食谱书似乎是我最终的目标！那就是我的终点线。

我专注于"为什么要做这件事"，从中找到了"怎么做这件事"的方法。我想要为我的粉丝们出版一本既可以纪念我的家族食谱，又可以和我的品牌相契合的书。

起点

现在，你已经知道了你的目的地，你需要培养自我意识，诚实地分析你的起点在哪里。你现在有什么资产、资源和习惯可以帮你实现目标？你为了未来的成长怎样拓展和利用它们？你的什么习惯可能带来负面的影响？你怎样能提前针对这些问题做出计划，避免被影响？你能培养什么样的可以取代坏习惯的好习惯？

我打算出版食谱书的起点是好的。作为一名美食博主，我认识能够为我的食谱书提供帮助的摄影师、设计师和美食造型师。但我没有文字版权代理人，在食谱出版方面也没有经验。我诚实地分析了自己的优势和劣势，然后投入工作之中！

路标+距离指示牌

你已经知道了自己的目的地和起点，下一步就是要绞尽脑汁想出每一件能帮你接近目标的事情——头脑风暴总是始于有效的问题。

比如，我怎样才能拿到食谱书的出版合约？当时我没有一点儿想法，所以我去网上搜索（我发誓，几乎每一个问题都能在互联网上免费找到答案）了这个问题。答案多种多样，我写下了每一个答案，并把写下的头脑风暴称为"想法之汤"，因为它看起来就像是一大锅充满可能性的汤羹。

写下"想法之汤"，我的目的是找到至少二十个实现目标的办法。我写下我能想到的任何事情，因为这只是头脑风暴，所以我不在乎我写下的想法正确与否。我只是把想法都写下来：

社交媒体"涨粉"；

试验食谱；

写出版计划；

研究怎么写出版计划；

雇一位插画设计师；

让自己成为这个领域的专家；

雇一个摄影师；

把出版计划提交给出版社；

……

但是，"想法之汤"会带来太多压力，而且会让你的脑海中充满太多可能性。我们想要一个清晰的方向，尽管头脑风暴能激发你的创意，但很可能会带来太多的起点、终点和效率不高的尝试。所以，我们需要整理头脑风暴的结果。但问题是，怎样才能做到这一点呢？

看着你头脑风暴得出的结果，问问你自己，在你得出的所有想法中找出其中三件最重要的事情，想象一下如果你真的实现了它们，是不是就能毫无疑问地帮助你实现目标？

把二十个想法缩减成三个看似很难做到，尤其是在其中很多想法都可能有帮助的情况下。但我相信，如果你逼自己只从中选出三个想法，如果你在实现目标的过程中迷路了，它们就会成为帮助你返回原路的路标。你要怎样选出三个想法呢？回到你最终的目标，问问自己，**这个目标的前一个步骤应该是什么？**然后以同样的方式选出另外两个路标。

路标需要你采取一系列步骤才能实现。人们总是不敢写下他们给自己设定的路标，因为它们看上去和梦想一样难以实现。他们的脑海中马上想出各种自己无法实现目标的原因，他们也许会想："当然了，我当然可以把这些目标写下来，但最终现实还是现实，我消极的那一面总会说服自己放弃，我也不知道我怎么才能实现这些目标。天啊，我真的很希望自己能做到这些事，但是我不能……"

不，不，不，不是这样的。不要关注你缺乏什么，不要担心你怎样才能到达每个路标。担心怎样会让你还没开始就放弃，沉迷于怎样会让我们无法取得任何进展。现在，我们的重点不在于怎样，而在于做什么。也就是说，我需要采取哪些步骤才能把我的目标变为现实。

在出版我的食谱书的过程中，我的起点是逼自己想出三个路标。其中，在得到出版合约前的最后一个步骤，是给出版社提交一个出版计划——这就是我的第三个路标。很好，那之前我还需要什么步骤呢？

搜索引擎告诉我，要想给出版社提交出版计划，我需要一个文字版权代理人。没有出版社会随意接受社会上的投稿，所以找到一个文字版权代理人是我的第二个路标。之后，我问自己怎样才能找到一个代理人。

寻找文字版权代理人的方式有很多种，但它们有一个共同点：我需要写出一个出版计划，解释清楚我想做什么。这就是我的第一个路标。

起点

第一步：写一个计划

第二步：找到文字版权代理人

第三步：把出版计划提交给出版社

终点线

我已经有了起点、终点和三个路标。现在，我要做的就是想清楚怎样做到，我称之为"距离指示牌"。我已经逼自己想出了三个主要的路标，但距离指示牌可以有很多个，因为它们都是你在走到下一个路标的过程中需要想清楚和做到的小事。

你画好自己的地图后，第一次从起点开始看起，然后以这个问题再做一次头脑风暴：从起点到第一个路标的过程中，我需要做什么？我建议你放一些轻快的音乐，尽可能快地写下你脑海中的任何想法，写得越多越好。

不要多想，写下每一个你能想到的、能帮助你接近第一个路标的想法。我称之为"可能性清单"。

假设你的目标是开始婚礼策划的事业（是的，我写的都是我所知道的行业）。也就是说，你的第三个路标应该是找到几个客户。那么，你的第二个目标应该是让你的潜在客户了解你的业务：你需要一个作品集，一个Instagram账号或者一个网站，让潜在的新娘能够看到你的作品。当然，如果你没有可以展示的作品，那这些准备就没有意义，所以你的第一个路标应该是创作一些作品。

鉴于我确实为了抵达这个路标写过这么一份可能性清单，我当时一直问自己的问题是：我怎样能有作品？我需要摄影师吗？我需要鲜花供应商吗？我需要和别人合作、设计不同的风格吗？我能花一点儿时间做别的婚礼策划师的志愿者，然后把照片用在我自己的作品集中吗？别人的作品集是什么样的？有什么相关的书是我可以参考的吗？我可以关注哪些这个行业的网红？

每当我不确定怎样走到下一步的时候，我都会写下一份可能性清单。比如："对了，莎拉的表妹工作的公司，是我很想得到的一个客户。"直到现在，我仍会这样做。很多时候，直到我坐下来写可能性清单，我才意识到我还有一些人脉。这种情况之所以会发生，是因为我们总是想着自己缺少什么，而忘记了我们已经拥有什么。

警告：通常情况下，你在这种时候会选择走下高速公路去采摘野花，而不是找到正确的方向和动力继续朝目的地前进。比如，如果我的第一个路标是"写一份出版计划"，我可以头脑风暴出各种帮我抵达这个路标的事情：研究怎样写出版计划；在Pinterest上分享想法；找到这一类书籍的出版计划框架；与这一领域的作者交流，询问他们的意见；找一个插画师帮忙；参加有关出版计划的线上课程；参加作家会议等。

许多人看到这样的清单会非常激动，心想："天哪，我有这么多想法！"但同时他们会说服自己，所有的想法都是平等的，而且所有的想法都会取得成效。别这么想！并不是所有的想法都能让我实现目标，但它们比我真正实现目标的那些任务听上去有趣多了。

在Pinterest上分享想法，听上去不错，我应该会照做的。噢，作家会议？我一直想参加。和写作俱乐部的新朋友们一起

头脑风暴？太完美了！我们说服自己，所有这些想法都很棒，我们也会投入时间为了我们的路标努力——而实际上我们只不过是在原地转圈而已。

如果我对自己诚实，我就会知道写一份出版计划前我应该做的具体步骤。而我不想做，是因为这是写作一本书之前最困难、最痛苦的部分。但我知道它是什么，我得首先把它写出来。

我想要鼓励你们，因为如果你很现实，你一定会意识到：你还没有抵达任何路标的原因是——虽然你的距离指示牌有可行性，却需要很多努力。距离指示牌应该是有可行性的步骤，你可以通过它们一步步到达目的地。但它们总是需要你的努力，总是如此。

我写这本书的时候，《女孩，醒一醒》已经出版几个月了。截至目前为止，这本书卖出了72.2万册，成了《纽约时报》图书畅销榜的榜首作品，世界各地上千名女性写信告诉我这本书给她们的生活带来了多么大的帮助。

多好啊！这是我根本无法想象的恩赐！你认为这样的成功让我写这本书的过程容易了一点吗？并没有。写作对我来说一直很难，我需要努力才能做到。即使我已经写过很多本书，即使我已经获得过成功，即使我深信我写的内容，我仍然距离终点线还有很远。

地图策略并不会让你的旅途变容易，它只会让你变得更有效率。我深信你能够实现你的梦想，我相信只要你愿意，你可以做成任何事情。在追求目标的过程中，你必须要做到冷酷无情，同时尝试各种方法。

做好心理准备，开始写下能够帮助你抵达每一个路标的距离指示牌。如果你不确定写下什么，那你应该找到更好的问题。比如，如果我问自己"我怎样才能签下一个文字版权代理人？"我那时的答案一定是"我不知道！"这不会让我获得任何成功。

但如果我把问题改成"谁有可能知道怎样找到一位文字版权代理人？"或者"我从哪里能得到答案？"又或者"有没有书籍、播客、YouTube视频介绍这方面的事情？"我就能想出很多答案。

记住，如果你没有得到有效的答案，那是因为你没有提出有效的问题。

此外，不要被所有的可能性吓到。刚开始的时候，你的目标可能会很宏大——你知道怎么吃掉一只大象吗？一口一口地吃！但当你刚开始为目标努力的时候，总是很容易感到压力。

你有许多事情要做，却没有足够的时间。如果你像我一样，那你也有十八个待办事项清单，上面列满了各种事项。如果你觉得压力很大，那是因为你试图同时做太多件事。慢下来，每天制订一个清单，每周制订一个清单，每月制订一个清单……

现在，再检查一遍，清单上的每一件事都一定能帮你抵达下一个路标吗？如果不能，重新修改，重新调整你的重点。

你已经画好了地图，接下来怎么走非常重要。在你和你一直想实现的目标之间，只隔着一句话。也许你应该把它们写在便利贴上，也许你应该把它们文在身上——全力以赴。

全力以赴，马上采取行动。不是周一，不是新年，不是下个月，而是现在，今天。马上朝着你的第一个距离指示牌前进吧。

何况对于大多数人来说，为自己的目标绘制出地图就算迈出第一步了，但不要停在这里！很多人很容易全力以赴，但也很容易放弃。事情会发生，生活会遇到难题，他们心想着"啊，现在做什么都没用了"，然后就放弃了。

别放弃，别这样做！你和你想实现的目标之间最大的障碍，就是你会选择放弃。每个人都会失败，每个人都会闯祸，每个人都会犯错，每个人都会偏离航线……许多人已经准备好向目标前进，他们已经有了地图，他们正朝着正确的方向前进。但突然有事情发生了，也许只是一件小事：比如没能按照节食计划吃饭；比如错过了一周或两周的训练，但一眨眼就错过了一个月；也许有些人已经四个月或者六年没坐在电脑面前写东西了……

无论发生了什么，无论你做了什么，无论你没做什么，你不应该用羞耻去克服。

过去的事已经过去了，为此自责不会改变任何事情，而且这也不是你的无期徒刑。**除了死亡，任何事情都是暂时的**。问题是你让一个短期的选择变成了你长期的决定，你相信过去发生的事情塑造了你是什么样的人，这都是假话。

你是什么样的人取决于你的下一个决定，而不是上一个。所以，你应该开始计划，画好你的地图，采取下一步行动。

技巧二：自信

自信很重要。

自信是相信你可以靠自己成功，相信自己的直觉。自信对职场上的人格外重要，尤其当你的工作或者公司需要你推销自己，并借此更上一层楼的时候。而且自信对你的私人生活、对你如何看待自己和梦想也很重要。我觉得，我们对自信的强调还不够。

如果你觉得自己是一个很糟糕的妈妈，如果你觉得自己每天完全没有准备好担任妈妈这个角色，你又怎么能享受自己的生活，并照顾好你的孩子们呢？

如果你一直梦想着参加铁人三项赛，但你觉得自己不擅长体能活动，并觉得永远不能擅长，你又怎么能成功地跑完下一场比赛呢？

自信很重要，更神奇的是，自信是一种技巧，而不是你与生俱来的能力。当然了，如果你从小生活环境很好，你可能从童年就学会了自信。但如果你没有那么幸运，要知道自信是你可以学习的，也是你应该去学习的。

以下，是我发现的三个成功树立自信的关键：

你的外表

我在西半球最豪华的美容店——洛杉矶梅尔罗斯的九零一沙龙——写这一章的内容。我坐在这里兴奋地在笔记本上打字的时候，几个二十几岁的漂亮女生正在帮我的发根补色，给我的脸上打高光。我周围放着各种颜色的药水，她们正在给我染发，用心得让我感觉就像是在给儿童做精细的心脏手术。

整个过程花的钱，堪比买一辆二手"锡布灵"牌敞篷跑车——而这还只是染发的价格。

我接了头发，还种了眼睫毛。我知道，不是每个人都能接受把这么多的时间和金钱花在外表上。我之所以知道，是因为他们会发消息告诉我："你怎么能告诉我们要喜欢自己原本的样子，同时又花钱买化妆品、花那么多时间染头发？"

我理解，这种举动也许会让你们觉得虚伪，但你们可能忽略了一个关键的问题。我确实相信我们应该喜欢自己原本的样子，只不过我原本的样子就是带着假睫毛的。

认真地说，我热爱化妆。你在YouTube上看过各种妆容、用十四把不同的刷子只为晕染眼妆的视频吗？那是艺术！学习化妆需要几年的努力，我尊重人们为此付出的努力。我觉得给自己化妆是件很有趣的事，而且我喜欢自己化完妆之后的样子。

我化妆并不是因为你们觉得我应该化成这个样子，也不是因为大家喜欢修容后的我，我化妆只是因为我喜欢化妆。

我为我的外表投入了许多时间和金钱，因为化妆让我感觉很好，而感觉好会让我自信。

在我深入讨论这个话题前，我需要先补充几个免责声明。

第一个免责声明：不是我认识的每个人都会把他们的自信和外表联系起来。有些人有着幸福的童年，有些人小时候就知道内心、头脑和精神才是最重要的——这才是正确的看法。但我们这样想不代表我们一定要这样做。

如果我要讨论现实是怎样的，我就必须要诚实地说出来。我认识的每一个女性，都会在她们喜欢自己的外表时感到自信，我不知道哪个女性没有这样的想法。

每一个女性都是这样的。

第二个免责声明：自信源于你喜欢你的外表，而不是你应该打扮成什么样。

我喜欢浓密的头发和眼睫毛，也喜欢高跟鞋。我的朋友萨米和比恩喜欢运动鞋和帽子，我也确定她们不喜欢自己化妆后的样子。她们只是不喜欢那种风格，就算世界上最厉害的化妆师给她们化好一个完整的妆容，她们会感谢化妆师的艺术投入，却不会喜欢化妆后的结果。化妆会降低她们的自信心，因为她们照镜子的时候会认不出自己。

从外表获得自信并不需要你变成某种风格，从外表获得自信意味着你需要有自己的风格。

你喜欢运动鞋和衬衫吗？你喜欢柔顺的直发和裸妆吗？你可以喜欢，也可以不喜欢，你应该了解你的个性，了解自己是什么样的人，并通过外表呈现出来。

我知道会有人不同意我的看法，我知道有人读到这里会觉得我是一个肤浅的人。我明白，这一章的开头讲的是自信，现在却落脚在了外表而不是感情上，这样的写法可能会让人觉得无趣。

但就算我反过来写，也不会给你们提供太大的帮助，至少当年我没有从中得到任何收获。我看了很多书，它们说要通过重视自己的内心、祈祷、说鼓励自己的话来增加自信心。我照做了好几年，希望借此鼓励自己。但我确实是在把自己打扮得像一个自信女性之后才开始真正自信起来。

更何况，我对自信的看法可能和你们完全不一样。重点不是要你去复制别人的自信，而是要你找到属于自己的自信。

我真希望这是一本摄影书，这样你就能够看到我从2003年到2016年的变化了。为了对过去的瑞秋公平一点儿，我应该说，随着时间的推移，我确实有了很大的变化。但这个过程是漫长而又痛苦的，原因只是我不知道我的体型适合穿什么样的衣服，也不知道怎么化妆和打理发型。

不知道怎么做，让我感到不安，但我从来不敢承认。相反，我大声地宣扬自己并不是"那种女孩"。我会随便画几笔眼线，抹点润唇膏，把我乱糟糟的头发绑成丸子头。同时不停地说服自己：那些过于在乎外表的女性把精力都花在了别的地方。

为什么每当我计划和丈夫出去约会，都要挑我知道自己有拍摄任务的那一天？为什么每次我觉得自己看上去很棒的时候，我就会感觉更自信，经历更充沛，态度更积极？因为，如果你喜欢自己的外表，自己内心的感受也会很好。

————

我们对任何事情产生的不安全感，要么会激发我们的好奇心，巩固我们的判断；要么我们发现了成长的机会，去思考，去提出问题，去研究；要么因此害怕，完全不接受任何想法。**只有蠢人才会在已经有规划的时候，还想着新的想法。**别人都在以他们自己的方式做着这件事，而你的不安全感正好体现了你的不足。

评价别人或者评价自己都不会给你带来任何帮助。也许你会试着吹个新发型、试穿一条紧身牛仔裤、试穿一双露趾粗跟靴……也许你都不喜欢，但如果你不去试一试，你怎么知道自己会不会喜欢？如果你现在自信满满，那你可以继续做自己正在做的。但如果你不喜欢自己的外表，为什么要等呢？

你已经决定你的生活就是这样了吗？别这么想！生活应该是你相信的任何样子。如果你不知道高中时应该怎么穿着打扮，没什么，那已经是很久以前的事了，你不再是那时候的小女孩了。我知道我总是在不断重复这些话，但无论你想知道哪件事应该怎样做，YouTube上都有免费的视频。卷头发、化妆、选择适合矮个子女生的衣服、白色牛仔裤怎么穿好看……这些事情我都是过去五年才学会的。

你不相信我吗？去翻翻我的Instagram账号就知道了。你用不了多久就会想：**"天啊，她穿的是什么啊？她的发型和眉毛是怎么回事？"**

你们可以随便嘲笑我的旧照片。你以前习惯于某个样子，不代表你需要一直那样。如果你以前有不安全感，也不代表你不能做出改变；如果你不喜欢你的外表也不喜欢你的个人风格，那就想想你到底需要什么！

做出投资！不要因为别人的说法而内疚。

你的行为

十年前，我是洛杉矶一位成功的活动策划，我在奢华婚礼策划领域有了不小的名声。我喜欢我的工作，但我遇到了太多难搞的新娘，再加上那一年每个周末我都要加班，于是，我希望能有更大的发展空间。

　　我之前也说过，我总是习惯于说出我的目标，找到我的目的地，然后画好一份能帮我抵达的地图。那时候，我最希望争取的一个客户是圣丹斯电影节。这个活动会有很多明星出席，而且地点很有挑战性：把一个洛杉矶的奢侈活动，放在犹他州一个小小的山城举办，而且进城的峡谷还很有可能会被大雪覆盖。

　　我知道，如果能成功地举办这个活动的话，我的公司会更上一层楼。

　　圣丹斯电影节就是我的目标。

　　我从我最终的目标开始倒推之前的步骤。如果我想通过在圣丹斯举办一场活动来增加曝光度，那这个活动本身就需要有足够的吸引力。我做了一些研究，发现《娱乐周刊》的出品方是圣丹斯电影节的重要参与者。他们会举办许多大型聚会，而且参加的明星数量最多，因此也会得到最多的媒体报道。他们很厉害，而我希望与最厉害的同伴合作。

　　我绝对算不上胜任。每一个活动都有难度，更别提在犹他州举办一个大型电影节了。但是，只有我开始为之努力的时候，我才能真正学到怎样去办这种活动，所以我开始着手做了起来。我让朋友的朋友的朋友帮我牵了线，终于和活动策划的团队取得了联系。

　　我用心地把自己"推销"了出去。

然而，他们毫无兴趣，虽然他们态度很好，但他们知道我能力不够。我就像是一只突然决定用两条腿走路的狗，只因为我想做一件事，而并不代表这就是正确的选择。他们甚至完全没兴趣考虑找我做这份工作。

我很沮丧，但沮丧并不能帮我实现目标。接下来的十八个月，每隔一周，我都会联系《娱乐周刊》的负责人。我给她发聚会的灵感照片、新饮品的细节。我告诉她去哪里找最棒的DJ和可爱的工作服。我有意地补充我能帮忙的地方，但从来不问他们是否考虑给我提供一份工作。

有一天，《娱乐周刊》的人突然给我打电话："我们在圣丹斯需要一个酒席承办商，你可以做的，对吧？"

我当然没有一家酒席承办公司，但我努力了这么久才得到和他们合作的机会，激动得几乎要跳起来："当然了！你们需要什么？"

每当有人问我怎么理解"成功从假装开始"这句话的时候，我都会用我的第一份圣丹斯工作举例。我并不喜欢这句话，因为它暗示着你没有别的事情作为后备。假装可以做成一件自己毫不了解的事，和有自信去做一件经验不足的事，二者之间的差距是很大的。

有研究指出，男性考虑换工作的时候，会申请他觉得自己有60%可能胜任的职位，他有足够的自信一边学习，一边补足

剩下的40%。而同样的研究也指出，女性一般在觉得自己100%
胜任一个职位的时候才会申请。[①]

仔细考虑一下，你怎么可能完全胜任一项你从没做过的工
作？这就像是《第二十二条军规》。你不努力去尝试，因为恐惧
而放弃，所以你永远不能进入下一个阶段。

圣丹斯的机会摆在我面前时，我绝对不是一个酒席承办商，
但我和酒席承办商合作过，也管理过相关内容，我知道我需要
做什么。我可以学习和计划，我有资源和渠道，帮我做好其余
的工作。

我不是在假装成功，因为我知道只要我想做，我就可以做
好。我有多年的经验，虽然水平没有那么高，但我从没有让任
何一个客户失望过，所以我对自己有信心。更何况，如果我没
能力为客户提供服务，就不会收他们的钱。如果我不逼自己去
挑战极限的话，就永远不会学到新的技能。

正如我所期待的那样，圣丹斯的工作让我的事业进入了全
新的领域。第一年，我在圣丹斯做的是酒席承包工作；第二年，
我就开始做活动策划了。没过多久，我们就为来到帕克城的每
一个电影公司和品牌策划了酒水庆祝和活动。

---

① 塔拉·索菲亚·莫哈尔，《为什么女性在认为自己能100%胜任一份工作时才会
申请》，2014年8月25日，https://hbr.org/2014/08/why-women-dont-apply-for-
jobs-unless-theyre-100-qualified。

圣丹斯成了我收获最多的地方。事实上，当我决定转型到现在的事业时，正是圣丹斯给我带来的收入帮我开设了"时尚网站"，也让我有了足够的资金雇用员工。

当我愿意自信地去面对一项工作时，我收获了很多意想不到的惊喜，哪怕我对自己的信心并不是从一而终的。只要有行动的支持，你就可以去实现你脑海中的想法。我对自己作为活动策划能做的事感到信心十足，通过研究和努力，我也获得了完成这些事的技巧。

结交什么样的朋友

几年前，我姐姐梅罗迪从美容学校毕业，不知道下一步要怎么走。她想在美容行业工作，但她不相信她能在这个新行业建立起足够的客户资源，而这基本是一个发型师必须要做的。她在沙龙尝试了各种不同的助理工作，虽然她很喜欢和顾客交流，但她仍然没有头绪。

像是命中注定一样，我的一个熟人发来一封邮件，想找一个工作上的帮手。她有一家美容店，正需要一名经理。他们试用了几个人，但都不合适。我读了工作描述，越读越兴奋。我马上把这封邮件转发给了梅罗迪。

"你绝对应该申请这份工作！"我给她发消息。

她不是很喜欢自己正在做的那份工作，所以马上申请并得到了这份工作。

第一周，她非常紧张，不知道自己能否胜任这份工作。她刚刚来到洛杉矶，还在适应这里糟糕的交通和快速的生活节奏。和所有刚来洛杉矶的人一样，她总是担心自己穿的衣服不好看，或者在比弗利山庄附近的这家美容院里说了什么错话。

几周之后，我的熟人发来一封邮件，感谢我给她介绍了梅罗迪。她不停地称赞梅罗迪是一个出色的员工。这完全在我的预料之中，因为我知道我姐姐聪明又和善，我知道她会是一个很好的员工。

让我感到意外的是六个月后的事——梅罗迪变成了一个完全不同的人。

她冷静、沉着，对她和她的工作充满了自信。她不再对洛杉矶、新工作和她的下一步计划感到焦虑。她敢于说出她的意见，不再担心别人的看法。

我还记得我对戴夫说："你注意到梅罗迪现在的状态有多好了吗？我好想知道是什么给她带来了这么大的变化！"

几周后，当我去她工作的美容院做脸部美容时，我突然想明白了。在学校的时候，梅罗迪周围的同学都是不确定自己的未来、不知道自己会有怎样的事业的年轻人，而现在她所工作的场所充满了自信的女性。她每天见到的同事都是行业内的翘楚。她下意识地吸收了他们的自信。

你想要更自信吗？多交一些自信的朋友吧。

我知道，人们一般不会把自信心当作一种可以学到的技巧，但我的看法正好相反。注意你结交的朋友、你说的话和你给世界呈现的样子。注意你在什么时候或什么情境下最自信，之后，努力创造更多像这样的机会。对于任何正在发展事业的人来说，这种观念上的转变真的可以带来巨大的改变。

技能三：坚持

　　我听很多人说过，"目标就是有截止期限的梦想""你得给自己设定一个时间线"。我不确定这样的想法是否有效，因为我本人获得的成功都不是迅速得来的。

　　如果我给自己一个一两年的期限，那我可能很快就放弃了。我花了两年时间才获得了足够的社交媒体粉丝数量，让一位文字版权代理人得以认真考虑我的出版计划。那之后，我又花了六个月的时间把出版计划提交给各家出版社，看看是否有编辑愿意出版一本食谱书。这本书的上市又花了十八个月的时间。

　　以上事实说明，实现目标是需要时间的。

　　我最近在Instagram上发了几张照片。第一张照片是我第一次登上当地的晨间电视新闻节目时照的。我申请了好几个月，终于在"国家垃圾食品日"那天得到了这一宝贵的机会，电视台晨间新闻团队和我在市场里试吃最奇怪的垃圾食品，比如油炸奥利奥和浓缩樱桃汁腌制的泡菜。这段新闻肯定拿不到"皮博迪新闻奖"（美国广播电视最高奖）。

第二张照片是我第一次参加《今日秀》节目时照的，那次我坐在欧塔·卡比和凯西·李①中间，笑容大到快要把我的脸扯成两半。我那天非常激动，因为我一直都想登上《今日秀》。那次，我终于去真正的染发师那里染了头发，而不再是自己买染发剂染。需要指出的是，第一张照片拍摄于2010年，第二张照片拍摄于2018年。

朋友们，中间隔了整整八年——我用了八年的时间才实现自己的目标！我从一个垃圾食品节目做起，靠请求、借用和偷师拿到了更多机会。我会参加国庆节烧烤节目，参加感恩节节目，参加几乎我能参加的任何节目。我那时候工作全靠自己，也就是说，每一次我说服别人让我参加某个节目的时候，我必须想办法在没有资金和人手支持的情况下完成我的工作。我只能"买"那些价签容易藏起来的道具，这样我就可以在节目用完道具后再退货。

买道具、找人、设计、布置场景、妆发、打扫，这些事情都是我一个人完成的。我在脏兮兮的厕所隔间或者车后座换好上镜要穿的衣服（毕竟当地新闻节目没有什么上好的住宿提供）。通常，等我换好衣服时，我的妆也花了，发型也乱了。虽

---

① 他们两位都是《今日秀》节目的主持人。

然我自己的状态不好，但我有最好的工作状态，我永远准备着播报最有趣、最详尽的新闻，无论那天的新闻是关于圣帕特里克日还是植树节。

靠我自己去参加各种媒体节目确实很糟糕，我没钱请公关、造型设计师以及助理。但我知道我的目标是什么，我也知道努力是我拥有的唯一砝码。当我有机会在国家电视台出镜的时候，我马上抓住了这个机会，哪怕讨论的话题我完全不熟悉，哪怕我做了很长时间的研究，才能在节目上机智地聊上六分钟。

我花了很多年时间和电视制片人搞好关系。我推荐了上百个节目话题，一大半都被拒绝了。大家都知道我有很多想法，我也可以在别人突然请病假的时候马上跳上飞机去替补他们的工作。如果你需要一个什么都能聊的"专家"，找我就可以。我努力到了极限，却仍然用了八年时间才实现我的目标。

我写了六本书，花了五年时间，才终于有了一本畅销书；我花了八年时间才登上《今日秀》；我花了四年和Instagram上分享的上千张照片，才有了十万粉丝。我可以为你们列出来我的每一个目标从开始到完成花了多长时间，但重点是，没有一件事如我预期中的那么快。如果我因为没有按时实现我的目标就放弃的话，那我就不可能获得现在的任何成就。

每一个梦想家，每一个读这本书的女孩，每一个正在构建和计划自己梦想的人，你们千万不要把自己的起步阶段和别人的中间阶段做比较！你们千万不要相信别人说的梦想需要一个截止期限。要记得，你可以控制你的距离指示牌，它们应该有一个截止期限，这样你才可以更有生产力和效率。但是你的路标更模糊，更难抵达，你需要尝试至少六次才能找到突破点。

人们很容易被别人成功背后的辛苦付出而吓退，因为我们会以为是自己付出的努力不够。当然了！我的成功也不是一蹴而就的。你们现在看到的成就，是我十几年的努力和专注换来的，是我一次次被打倒又站起来的结果。你没有人脉？没有资金？没有渠道？我也没有！但我有工作行为准则，有梦想，我会用耐心和坚持去实现我的梦想。

这会是一段很长的旅途，你必须非常努力才能抵达你想抵达的地方。相信我，你的努力是值得的。

我在跑半程马拉松的过程中，看到了我最喜欢的一个标语："如果这很简单，那每个人都能跑马拉松了！"这提醒我实现目标是艰难的，但我仍然在路上。你也一样。我们之所以愿意继续实现自己的目标，是因为**我们和别人不一样**。实现目标并不容易，这是一个艰难的过程，但是女孩们，你们也很坚强！

人们放弃、摔倒、不愿意继续向前，因为他们相信自己正在追求的目标是短暂的。大多数时候，媒体都在给我们灌输这样的理念："试试这个，试试那个，试试这个减肥食谱，试试那种锻炼方式，试试这件事，再换一件事，再换一件事。"在实现目标的过程中，这样的行为并不会带来什么效果，反而会带来更多的疑惑。

事实是，如果品牌、媒体和新闻能让你感到迷惑，它们就能卖给你更多的商品。

仔细想一想。五十年前，减肥的唯一方式就是保证消耗的卡路里多于摄入的卡路里。这是一个很有效的办法，但做起来并没有那么容易。炸鸡店的华夫饼配薯条比西兰花更好吃，但如果答案这么简单的话，减肥食物行业就不会存在了。所以现在我们接受着上百万种答案的轰炸，每一个答案都让我们感到迷惑。

你应该参考旧石器饮食①、30天全食疗法②、阿特金斯饮食法③、迈阿密饮食法④、素食，还是无麸质饮食？几乎每个月都会有新的节食方法出现，而伴随着每一种节食方式的是让你购买的各种商品：书、补品、冷冻餐、节食计划、节食项目、药品等，这些都能解答你对节食和减肥的疑惑。

---

① 旧石器饮食，回归原始人饮食的方法，少吃谷物，少吃盐；主要以蛋白质和新鲜蔬果为主。——译者注

② 30天全食疗法，不摄入任何添加糖类、酒精、谷物、豆类、奶制品、卡拉胶、味精或亚硝酸盐等，需要坚持30天。——译者注

③ 阿特金斯饮食法，完全不吃碳水化合物，而可以吃高蛋白的食品，即不吃任何淀粉类、高糖分的食品，而多吃肉类、鱼。——译者注

④ 迈阿密饮食法，前两个星期完全不可以吃淀粉、喝酒、水果，必须多吃纤维质。之后两个星期，再慢慢的把这些前14天不可以吃的东西加回饮食中。——译者注

这还只是节食一个行业。多种多样的方法就像是一只喝醉的蝴蝶，出现在每一种商品中。你在寻找答案、实现目标的过程中，试试这个，结果它没有效果，于是就放弃了，再去尝试另一个。如果你这么做了，那我只能说，难怪你无法实现你打算实现的事情。

你相信生活中的目标是**暂时的，**你相信它就像你最喜欢的帽衫一样，可以随时穿上，随时脱下，你想穿它的时候就把它套在身上，不想穿它的时候就塞进衣柜里。

但是，你的这个目标、这个任务、这个梦想、这个目的地，绝对不是暂时的。这不是你这个月、这个季节、今年要做的事情。真正去追求一个目标，改变的不仅仅是你生活的一个具体的方面，它会永远地改变你对生活的整体看法。

如果你要攒钱买房，那你需要改变你花钱和攒钱的方式；如果你想要一段坚韧、出色的婚姻，那你需要抛弃你对恋爱关系的错误想法，并每天为之努力。无论你想实现什么目标，你都必须全力以赴。

这不只是你要完成的一件事情。

这塑造的是你现在是什么样的人。

永远如此。

这不是一个月或者一个季度的训练。想想看，每个职业运动员，每个奥林匹克运动员——无论是汤姆·布雷迪、塞雷娜·威廉姆斯还是梅西——他们现在的训练强度和刚入行时是一样的。事实上，我觉得他们为了保持现在的状态，很可能比之前的训练强度更大。训练是不会停止的。

因为在你实现这个目标之后，你还要选择下一个目标、下下一个目标、再下一个目标。你想要成为最好的自己，这种理念会渗透进你生活的每一个领域。

不要限制你的想法，不要只从有限的角度去思考，不要假设你正在做的只是你面前的事。深入研究，努力工作，抱有耐心，无论你做什么，时间都是一样的。那你还不如把时间花在追求更远大的事情上，无论你需要花多少时间才能实现。

技巧四：效率

当我在赶一本书的截止期限时，如现在，我在大部分工作日都会远离我的团队，这样我便可以不受打扰地工作。

今天，我坐在一张公用木质长桌前，这种桌子似乎是每家嬉皮士餐厅的必备装饰。我喜欢公用长桌，因为当我去卫生间的时候，总有人能帮我看东西。但它也有一个缺点：身边的人总是来来去去，改变着周边的能量。

今天坐在这张桌子前的第一个女孩是来这里写作业的。我看到了她打开的教科书，她面前也摆着一张学习计划。她看一会儿书，又看一会儿Instagram，然后拍一张咖啡和作业的照片发在Instagram上——她另外花了半小时在修图软件上找到了合适的滤镜。之后，她又看了一会儿书，没多久就在书边画起了画。一会儿，她又开始刷Instagram，然后就离开了。她没有完成学习计划上的任何一件事。

下一个坐在我旁边的是一个男生，他和另一位男生一起来的。我其实很喜欢他们，他们大约有二十八九岁，充满着精力和热情，还把加里·维纳查克[①]说的话当作真理。我懂他们，我也很喜欢加里·维纳查克。他们用着高级的笔记本电脑和黄色的记事本，已经开始了头脑风暴和工作。在刚开始的交流之后，他们花了两小时的时间（我用我不加糖的印度奶茶发誓）刷Instagram。讽刺的是，他们看的都是我最喜欢的企业家发的内容，互相分享着关于坚持和成功的名言，同时也浪费着他们宝贵的时间。

　　每当我看到身边的梦想家犯着同样的错误时，我总会觉得痛心。我们总是很容易浪费时间，或者忙于别的不会帮助我们实现目标的事情上。当我还是一个刚开始写作的作者时，我也会犯同样的错误。

　　我那时候有一个很糟糕的习惯，总是一遍又一遍地重读我刚刚写好的东西。我会坐下来"写"一个小时，然后花四十五分钟时间重读我刚写好的东西，并进行修改。这样过去了几个月，我还没有找到我无法按计划写到既定字数的原因。

　　我之所以没有进展，是因为我实际上并没写多少字。我和坐在我旁边的那两个男生没有什么两样。我猜，他们会有很多像今天这样的工作合作交流，最后往往会因为没有任何成效而放弃他们本来追求的想法。如果他们和过去的我一样，他们也

① 加里·维纳查克，美国创业家、演说家及国际公认的互联网名人，四次当选《纽约时报》最畅销作家。——译者注

许意识不到，并不是他们的想法不好才没能实现，其实错在他们自己身上。

你有没有遇到过这种情况：为一个目标付出了很多时间，却没有取得任何有效的进步？我猜这是因为你不知道应该把重点放在哪里。你以为你需要时间去追求你的梦想，而你实际需要的是更有效地利用你的时间。为了帮你鉴别伪装成效率的陷阱，以下是我在过去十年里总结出的非常高效的做法：

1. 把你的待办事项清单换成成果清单

记得我们在上一章讨论过地图策略吗？你当然记得，我们五分钟前才讨论过！但是，为了防止你像电影《初恋五十次》里德鲁·巴里摩尔扮演的失忆女孩那样记性不好，我再提醒你一下，地图策略就是要为你的目标设定距离指示牌。距离指示牌是你的基石，帮助你专注于你要前进的方向。为了工作更高效，你需要一直朝着下一个距离指示牌努力前进。

但问题是，像咖啡馆里的那两个男生或者以前的我一样，当你朝着下一个距离指示牌前进的时候，你会发现你实际只是在绕圈。为了避免这种趋势，从今天起，当你开始坐下来工作的时候，我希望你不要准备待办事项清单了。

一般女性的待办事项清单上大概有319项要做的事情——也就是说，你永远也不可能完成上面的所有事项。何况，如果你像以前的我一样，把所有的工作时间投入在待办事项清单上最简单的那些事上。既然这些事项并不能让你接近你的下一个距离指示牌，那你只是在浪费时间而已。所以，让我们抛弃待办事项这个概念，专注于你的成果清单。我说的"成果"是指这段时间的工作所期待取得的成果。

待办事项清单上也许会有一项写着"写稿"，但这是一项很模糊的任务。它可以代表任何事情，如果你已经觉得自己不够高效，你的大脑会想出任何借口，只为了把清单上的某个事项标记为"完成"。

如果我在脑子里想象这本书的标题，这算不算在写稿？如果我把一个段落重写了四遍，这算不算在写稿？如果我和别的作家出去喝点酒，讨论了剧情，这算不算在写稿？不，如果我的目标是按时完成这本书，这些都不算是写稿。

现在我面前最重要的事情就是稿子的字数。现在我需要利用醒着的每一分钟，一句一句地写出来，才能按时完成这本书。所以我会在成果清单上写：写2500个字。这就是我想要的成果。你不能差不多写了2500字，你要么写够了，要么没写够。顺便告诉那些梦想着写一本非虚构作品的作家们，二十六个"写2500字"的距离指示牌就能帮你实现目标。

比如，你决定为你的直销组织设定一个新的目标。你的待办事项清单上会写"创造新的销售记录"，但这是一个很开放的任务。这个事项怎么能为你的大脑设定任何方向或者重点呢？

如果我见了三个潜在客户，这算完成任务了吗？如果我花了一个小时搜索如何在销售公司内发展，这算完成任务了吗？如果你只是试图跟上行业的进度，这也许算数。但如果你想获得你从没获得的成就，你就必须要做你从没做过的事情。

你的成果清单应该非常具体："每天联系一百个潜在客户""每周签下四个合同"或"把每个现有客户的销量提升3%，增加整体的销售金额"。

注意最后一样，它的目标非常明确。我喜欢具体的、不被你的目标所局限的成果，这样的成果可以让你用不同的方式实现同样的结果。如果上一次我试图扩张自己公司的时候，专注于锁定新的客户，当我遇到困难的时候，我会后退一步，问问我自己是否有其他更聪明的方式来获得同样的结果。

比如，我可以在现有的客户上做文章。我可以多发点邮件吗？我可以想出一个更容易推销出去的过程吗？我可以在不增加新客户的前提下，增加销量以增加整体的销售额吗？在这个例子中，我的目标实际上是增加销售额，但我太过于拘泥待办事项清单，忘了停下来考虑别的方法。如果我没有先写下我期望获得的结果，我的大脑就不会帮我提出正确的问题来帮我接近我实际的目标。

所以，要制订一个成果清单，而不是待办事项清单。你的日常成果清单应该不超过五个重点。事实上，我的日常成果清单一般只有两到三个重点。因为我写下的事项是我的主要动力，哪怕我只能完成其中一个，也会给我带来很大的成就感。

如果你的清单上有太多事情，你的每个工作时段结束后，你就会觉得自己什么也没做到，而事实上，只要你完成了至少一个可以帮你接近下一个距离指示牌的成果，你就已经很成功了。这种巨大的成功感需要成为你的新习惯，你需要把它作为每个工作时段内的目标。你的目标不应该是花时间工作，而是通过工作完成正确的事项。

2. 重新审视你的效率

只要知道自己应该朝着正确的方向努力，你就完成了这场战斗的一半。如果你的每个工作阶段都朝着完成一个理想的成果努力，而且连续坚持了三周，你会为自己取得的进展震惊的。但你还可以做一件事，让你的进展更进一步，更快一点。

说真的，我不知道有谁不愿意提前实现他们的目标。只要你为未来规划好了一个清晰的距离指示牌，你就会知道什么样的成果能更好地帮你接近它。你应该问自己的下一个问题是：**我能做什么来提升这个过程的效率？**

如果你想要仔细了解这个问题，我强烈推荐加里·凯勒[①]的《最重要的事，只有一件》。加里·凯勒在书中提出了一个非常

[①]　加里·凯勒，世界上最大的地产公司之一"凯勒威廉姆斯房地产公司"的董事长。他著有多部畅销书，已在全球范围内售出超过130万册。——译者注

深刻的问题，这个问题的深刻不在于它有多复杂，而在于它提醒我们大多数人，我们总是忙于在目标里面打转，却从没有直接在目标上努力。他提出的问题是：你现在正在做的哪一件事，能让其他事情都显得没有必要？[①]换作是你的成果清单的话，你的问题应该是：我现在能做哪一件事，让我更快、更容易、更有效地获得我想要的成果？

举个例子，我的理想成果是每天写完2500字。我问自己如何才能不被打扰、更快更有效地写完每天的既定字数。答案很简单，也很容易实现，但如果我不问自己这个问题，我可能永远也想不到答案。对我来说，我的答案是在咖啡馆里写作。咖啡馆为什么如此特殊？虽然我有一个很棒的办公室，桌椅舒适，有免费的零食和水，可以随时去厕所，我也在这里也写了好几周。

但你知道办公室里还有什么吗？十四个手里有各种项目的员工，他们随时有可能找我寻求帮助。我先说清楚，他们不是要我插手他们的项目，事实上，他们完全不会打扰我，因为他们知道我有一本书的截止期限要赶。但是写作是一项艰难又孤独的任务。无论我写了多少东西，我还是会觉得很糟糕。如果我在办公室里觉得孤独，或者我写一段时间写累了，我会跑出

---

① 加里·凯勒与杰·帕帕森著，《最重要的事，只有一件》（得克萨斯州哈德逊本德，巴德出版社，2003年）。

去上厕所，而在路上我会找到三件可以插手的事情，而不是赶回来继续写作。我本来可以用不到三个小时就写完2500字，结果我却要浪费大半天的时间。

我仍然实现了我的目标，所以我不想质疑我的做法，但我不得不问自己，**我是不是可以用更好的方式来完成这件事**？对我来说，更好的方式是在远离我团队的地方工作。比起在家工作，我更喜欢咖啡馆，因为周围的梦想家和创作者能够给我提供激情，我甚至可以从中得到灵感（比如这章的开头）。

在咖啡馆写这本书的时候，我有时候每天甚至可以写超过2500字，让我得以更快地实现目标。如果你不能给自己提出问题，如果你无法发现哪些做法有效，哪些做法没有，那你永远也不会知道。

3. 为自己创造一个高效的环境。

几年前，我很崇拜的一个人问我，能否就写作的过程给他提供建议。这个人非常有才华，也是一位备受瞩目的演讲家，但他从没写过书。我以为我们要讨论的是字数、情节和怎样写提纲，但他实际上只想知道一件事：怎样在家里创造出一个适合写作的完美环境？

"不可能的，"我告诉他，"你可以随时、随地、以各种方式写作。而创造一个完美的写作环境并不能给你带来任何帮助。"

他不喜欢我的答案。他坚信如果他能创造一个理想的空间，写作这个在过去一直被证明是艰苦的事情就会变得容易起来。我那时候就知道，他是无法写出一本书的。也许听上去很过分，但事实就是如此，因为有上百人问过我同样的问题。

我也希望自己有一天能拥有一间专门用来写作的书房，这是我的理想，也是一个奢侈的幻想。但这并不会给我的写作带来任何帮助。这就像是想象一台昂贵的跑步机能激励你跑步似的。外部因素并不能让你更高效，如果你需要特定的环境才能发挥，那你一定是无法掌控自己的生活。

我现在正坐在一架满员的飞机的中间座位上写这句话。我临时接了一个要横跨整个国家的演讲活动，也就是说，飞机上的高档位置早就被订光了。虽然我的位置很不舒服，但我也不能浪费任何有价值的写作时间：清晨或者夜晚；我在公园里看着孩子们玩耍的时候；孩子们的足球训练课……我在任何时候就以任何方式写作。

我喜欢在嬉皮士咖啡馆或者海景别墅写作吗？当然了。但生活并非如此。如果我等着能让我工作更高效的完美空间或机会出现，那我连一本书都写不出来。关键是要创造一个可以发挥出你的效率的环境。对我来说，这可以是不同种类的音乐播放列表，或者是不停地单曲循环某一首歌，就像白噪音一样。哪怕我身处最吵闹的环境中，这也能让我专注，并发挥出效率。

对你来说，这可以是某种特定的味道，某种特定的口香糖

（这是真的），甚至是在星巴克点同样的咖啡。我最喜欢的是喝一杯浓缩康保蓝咖啡，再把《谦虚》①这首歌的声音调到最大。事实上，《女孩，醒一醒》这本书就是我循环听着肯德里克·拉马尔的歌写完的，这可能会让保守的读者们大吃一惊。但是，只要你能找到让你有效率的办法，务必尽可能地利用起来。

4. 了解什么会让你分心，并尽力避免

这句话好像是一个人人都懂的道理，但无法做到或坚持高效的人，通常已经分心到注意不到他们自己在分心了。每一次你的注意力和精力分散到别的地方的时候，收心都需要很长的时间，前提是你还能收心。

对于我来说，等待电脑连上无线网会让我分心，听到或看到我的手机也会让我分心。我总以为我收到的每条信息都是紧急情况，而且很有可能是某个员工告诉我办公室起火了；我也以为每封邮件都可能是奥普拉·温弗瑞发来的；每次我打开谷歌想要迅速搜索我在写的内容，最后都会掉进"游戏风暴"的漩涡。

最后，我突然发现，自己正在做一个"猜猜我的理想迪士尼王子是谁"的测验。所以你猜我要怎样才能写够字数？我必须关掉无线网，关上手机，关掉提示音，这样我就听不到任何消息的提醒了。

---

① 肯德里克·拉马尔的说唱歌曲。——译者注

5. 纠正方向

我们总是很容易走岔路,更容易朝一个方向前进得太快,根本注意不到自己早已偏离了正确的方向。我建议你每周日检查一下自己是否还走在正确的方向上。

周日是我最轻松的一天,也是我计划下一周的时刻。我会花一点儿时间计划下一周的成果,然后检查自己是否真的在朝着下一个距离指示牌前进。如果是的,那太好了!如果不是,我就会想这周能做点什么来确保得到我想要的成果。

高效的底线是:你正在努力。你已经投入了时间,如果你无缘无故地消耗了你的精力,就太浪费了。更糟的情况是,只因为你不知道自己怎样大步向前,你可能放弃了一个非常好的想法。分析你的效率,找出哪里需要改进,哪里需要改变重点。

技巧五：积极的态度

　　我经历过五十二个小时的分娩过程——五十二个小时。只要我活着，我就永远不会让我的大儿子忘记这件事。事实上，就算我死了，我也打算找人时不时地提醒他这件事，就像那些死后还安排花店在妻子的生日当天给妻子送花的男士们一样。

　　话说回来，那是一次糟糕、艰难、辛苦又痛苦的过程，分娩的时候，护士们只让我吃冰棍、果冻或者鸡汤，我根本没力气用劲。任何有相同经历的人都可以给我作证。你等啊等啊，等你觉得你要永远怀孕下去的时候，他们告诉你该用劲了。是的，该用劲了。

　　对我来说，该用劲的时候来得比我预想中要晚，麻醉药的药效已经退得差不多了。没错，我打了麻醉药，你该不会觉得我是清醒着熬过了两天的分娩吧，我可没有那么强的英雄气概。我的麻醉师是一个秃头的老头，他给我用了药，但药效总有退去的时候。等药效一退去，疼痛就会在我的全身蔓延。护士问我需不需要再打一针麻醉药，但我读过好多关于女性因为麻醉药效太强而没办法用劲的恐怖故事，我也不想再拖时间了。于是，像一个真正的烈士一样，我勇敢地要求不打麻醉。

我几乎马上意识到：我犯了一个致命的错误。

躺着就已经够难受的了，当我第一次用劲的时候，就好像撒旦把一把滚烫的叉子插进了我的身体，并旋转了九十度。

"我开玩笑的，"我对手术室里的所有人说，"马上给我上麻醉，我需要它们！"

护士按了一个按钮，工作人员打了几个电话，他们小声说了什么，然后悲伤地看着我。"很抱歉，我们的两位麻醉师正在协助剖腹产手术，我们没有多余的麻醉师了。"

什么？没有药？不能麻醉？就这样让我忍受撒旦的叉子？

我又疼又累，甚至觉得自己出现了幻觉。我无法控制发生在我身上的事，我也没有办法逃避。好像无论我怎么用劲，我的大儿子都不愿意出来。他的心率开始下降，医生说他经历了太多压力，应该剖腹产。

奇怪的是，在最惊慌的时候，我反而看到了生命中最清晰的时刻。我知道我得冷静安全地把宝宝生下来，为了做到这一点儿，我需要找到一个方式克服痛苦。我从哭喊害怕中冷静下来，我没有和戴夫、我妈妈、护士或者医生说一句话，我甚至没有再出声，更没有看向任何一个人。我沉浸在自己忠诚的祈祷里，并在脑海中为我未出生的孩子做了一番激励的演讲。

一小时后，我的大儿子杰克逊·凯奇·霍利斯哭喊着来到了这个世界，我不知道我们俩到底谁更疲惫一点。我刚刚熬过的所有痛苦像海浪一样重新回到我的体内，我简直不敢相信我忽略了它们。这提醒我，无论在什么情况下，无论发生了什么，我都可以选择我的态度、我的重点、我的目的。我做出的选择正是快乐和痛苦的区别。

你可以多喝水，早点起床，制订好每天的计划并按照计划实行，但如果你没有正确的态度，你只会一蹶不振——好吧，也许"一蹶不振"这个词太重了。我在想法、态度、积极向上的问题上总是很严肃，因为它们太重要了。

当孩子们表现得疯狂而弄得房子一团糟时，当我真的想逃离这马戏团一般的闹剧时，或者想喝掉一整箱红酒时，拯救我的是我逼自己以积极的态度面对的意志力。

当我的书快到截稿日期（比如现在，这本书昨天就应该交稿了，然而我现在还没写完），但工作压力很大时，以积极的态度去应对是我保持开心的方法。

我很开心，不是理智，不是还好，也不是勉强过得去。我90%的时间都很开心，并感谢发生的一切。这并不是因为我的生活很容易。我是你认识的最开心的人，因为我每天选择如此。我选择对万事充满感激，我选择让自己的生活中充满态度积极的人和事。我会调整我的想法，因为想法控制着我的情绪。

我们对自己说的每一句话，都会成为我们生活中每个时刻的背景音乐。你脑海中的每一个想法，无论是好是坏，都得到了你的允许。你是否积极地管理着自己的想法？你是否积极地去控制你对自己的看法和评价？你并不蠢，所以不要对自己说"你很蠢了"；你并不丑，所以当你照镜子的时候，也不要这样想了；即使你过去做过什么不好的事，也不是无药可救；你既不自大，也不刻薄，你并不能被你脑海中想到的任何糟糕的词汇所代表。

你必须要选择每天积极地去面对生活，去看到可能性，去看到生活中的幸福。你可以选择你的想法，你脑海中的每一件事都得到了你的允许。每当你有消极想法的时候，想想说唱歌手DMX的歌词："停下来，别想那些可恶的抱怨，屏蔽它们，用好的想法取代它们。"

无论你现在的处境是轻松还是艰难，你都最好能掌控你的想法和态度。

真实的生活并不是童话故事，我从没有想过生活中的每一天都是轻松的。生活中有糟糕的时候，有时候你甚至没有精力去追逐你的目标。但你和你的生活依然有希望、梦想和目标，它们仍然是有可能实现的。

有时候，你能全力冲刺；有时候，你只能往前挪几米。但你必须坚持留在这种比赛中。你不能控制自己生活中出现的情况，你只能控制自己应对的方式。

技巧六：女性领导力

六年级的时候，我站在帐篷里拍了一张照片。那大约是1995 年我参加女童子军夏令营时照的。我现在依然留着这张照片，照片上贴着和平标志，还画着斯图西的标志①。照片里的我穿得像是年少无知的女孩想象中的美国原住民女孩：我穿着棕色的扎染连衣裙和山寨的添柏岚靴子，虽然我现在知道这根本不是部落原住民风格，但十二岁的我却觉得拍这么一张单人照简直太酷了。

先不提文化挪用的问题，我之所以记得那次女童子军的经历，有两个原因。一是因为我们会用密封袋煮好鸡蛋，然后做炒鸡蛋吃。因为我从来没有露过营，这种野外技能真的让我很震惊。二是因为我的朋友阿曼达和我为蒂姆·麦格罗②的一首歌编了舞蹈，并教给了所有人。

那首歌是《印第安逃犯》，我们编的舞蹈包括舞步和队形的

---

① 斯图西是美国加州的潮流品牌。——译者注

② 蒂姆·麦格罗，1967 年 5 月 1 日出生于路易斯安那州德里市，美国乡村音乐男歌手。

变化。我们本来是为打发下课时的无聊才编了这支舞，但我猜部落里的人们（他们喜欢的可能是蒂姆和他的胡子）会觉得这支舞很可爱，所以我们要求在篝火边表演。

篝火！

在女童子军的活动里，篝火算是最大的事件了——所有的事情会从篝火夜开始走下坡路。我们拿到了眼罩，部落的人们也都加入了进来，我们拉着手围成一个大圈，唱着："交新的朋友，留下旧的朋友……"

表演的时候，我们用尽了全力。在最后，我们把歌突然换成了保罗·瑞佛和奇袭者乐队的《印第安保护地》，我们当时就像是被茱丽叶·高登·罗[①]附身了一样！

我那时候就是一个领导了，我猜你们大多数人也是一样。小时候，我们大多数人会整理好芭比娃娃的装饰，并公平地分配给每个小伙伴。我们发起每一次出门玩耍活动，或者竞选戏剧社的主席。这不是我们特意的想法，这种组织小团体并想好一个主题和想法的能力是我们与生俱来的。

如果你足够幸运，你的父母会鼓励你发展这种天生的领导能力；如果你不够幸运，他们也许会无意识地压抑你的这种能力。"别太强势，"他们会说。"你不能领导所有人！"他们会提

---

① 茱丽叶·高登·罗，美国女童子军创始人。——译者注

醒你。

在我小的时候，人们并不鼓励女孩拥有领导力。也许这正是为什么许多人会为此挣扎的原因。我们不认为自己是领导，因为领导似乎是工作中的专属名词。让我来告诉你，我不在乎你做什么样的工作、扮演什么样的角色，工作、家庭主妇、上学都无所谓，我需要你接受你是一个领导的事实，我们都需要你成为领导。

过去五年里，我在线上线下聚集了一批与我有着同样理念的女性。我们互相支持，求同存异。我们给彼此一个有归属感的空间，互相鼓励对方追求梦想。有这么多人能分享我的理念是一件很幸福的事。我感谢在网上关注我、参加我举办的会议、买我的作品的所有女性，但我内心一直想说：我不需要更多的粉丝。我不需要有人给我的Instagram照片点赞，我也不需要有人觉得我的鞋子很好看。我不需要聚集一大批粉丝，我需要的是聚集一大批领导。

你是网红吗？你在媒体单位工作吗？你举办过自己的会议吗？你有自己的公司吗？你有自己的播客吗？你是家长教师协会的成员吗？你是当地银行的出纳吗？你是七个孩子的祖母吗？太好了！我需要你，我们需要你！

我们需要你实现自己的目标；我们需要你的创意、灵感、努力和梦想；我们需要你找到一条新的道路，回过头来用你的魔法照亮你身后的女性；我们需要你相信，每一位女性都值得成为她们想要成为的样子。如果你——是的，就是你——不告诉她们生活的真相，她们也许永远也无法做到。

当你坚信你能为自己的生活实现更多想法的时候，你就能做到。毕竟，如果你不知道自己要实现什么，你又怎么能知道你能成为自己想成为的样子呢？如果你的社群、营销团队、舞蹈课程的教师从来没见过自信的女性是什么样的，她们怎么能拥有自信的勇气？如果我们的女儿没见过我们选择成为自己的样子，她们怎么能学会呢？

追求自己的目标太重要了，我甚至觉得这是满足幸福生活的必要条件。但只让你去实现自己的梦想是远远不够的，我希望你热爱你追求目标的过程，并公开地庆祝你一路走来所取得的成就。当你闪耀光芒的时候，别人并不会因为你的光芒而受伤，她们会受到你的鼓励，让她们自己的光芒更加闪耀。这，就是领导。

领导能够鼓励他人，分享信息，为你照亮前程，在事情变得困难的时候拉着你的手。真正的领导对你的成功同样激动，因为他们知道，只要有一个人做了示范，大家就会受到鼓舞；只要有一个人成功，我们所有人都会成功。

如果你真的相信每个女性都注定值得获得更神圣的事情，你就可以带领其他女性向前。这需要你对其他自己此前没有注意到的女性敞开内心。

虽然这本书的主题是个人发展，但我希望你们可以考虑一下你们的领导力范围内都囊括了哪些人。我希望你们挑战一件事情。

看看你周围的环境。看看你Instagram上关注的人，看看你举办的会议上有哪些演讲者，看看你的员工，看看你的朋友。他们是一样的人吗？我不是说他们是否有着同样的发色或者个人风格，我是说，他们的肤色一样吗？他们是同一种类型吗？他们都住在同一个地区吗？

在专注于女性的媒体上，在舞台上，在公司的员工合照中，在演讲者安排中，在广告中，我总能看到这样的现象。每次我看到的时候都会想，为什么这个团队不觉得这种单一的人员设定有问题呢？为什么他们不被这样的现象困扰呢？他们怎么能请十六位演讲者，其中只有一位是女性呢？

在我看来，大多数公司、会议、朋友圈并不是有意避开多样性，我们只是倾向于选择我们所熟悉的事物，而我们熟悉的人通常和我们有着一致的外表、行为和思考方式。

但朋友们，世界并不是这样的，公司或市场不是这样的，我们的社群也不是这样的。

多样化的呈现非常重要：当你坐在观众席上时，你能看到台上的自己；当一家公司的受众属于各个种族时，你能听取各种意见，从尽可能多的角度考虑。每个人都应该被邀请参加你孩子的生日聚会；每个人都应该得到你所在地区的欢迎；每个人都应该被邀请和你一起吃晚餐。

如果每一个你认识或者不认识的女性都能够知道她能够取得更大的成就，那她们都会从中获益。如果没有人树立榜样，她们怎么能知道这是真的？如果没人看到她身上的闪光点，并大声地说出事实，她们怎么能知道这是真的？

我相信每一个正在读这本书的人都有自己的魔法。我身上的每一个细胞都知道，如果你开始为了自己的梦想全力以赴时，无论你的梦想会让你感觉多害怕、多难过，你都可以改变世界。你不仅会让你的世界更美好，也会为你身后的其他女性照亮前行的路。

结论：
一定要相信你自己！

　　我现在充满了激情，真的是在代表你们疯狂。但我突然意识到，你们已经知道了。如果你们还不知道我是在为你、你的梦想、你即将在生活中取得的成就而激动，那我们一定是还不够了解彼此。

　　关于你能控制你的生活，你能完成你想完成的任何事情这个主题，我已经写了两本书了。我的事业、我的公司、我的生活都用来创作可以让你更加相信自己的内容。我相信你，我真的非常相信你。我知道，对于很多人来说，你们没有家人或者朋友鼓励你完成自己的目标。所以请你们一定要记得，在美国得克萨斯州的某个农场里，有一位有四个孩子的妈妈，正迫不及待地想看你做出了怎样的成就！

　　你需要知道的第二件事：我相不相信你并不重要，我是否为你激动也不重要。我可以写一千本书，发上千个激励人心的Instagram故事，但如果你不相信自己，这一切都不重要。

我明天早晨不能叫你起床。

当你下周的工作时间被缩短，工资不够付房租时，我不能帮你。

当你的家人取笑你试图减肥的举动时，我不能帮你。

当你失败时，我不能帮你。

当你遇到挫折时，我不能帮你。

当你放弃自己时，我不能帮你。

当你必须要为自己的前途奋斗时，我不能帮你。

我不能帮你处理生活中的方方面面。

每天都是你自己在面对自己的生活，你最好相信你的生活是值得奋斗的！

就是这么简单，就是这么艰难。

这意味着，哪怕你不愿意也要坚持下去；这意味着，你需要找到一个方式来控制自己不要暴食；这意味着，你需要和你的姐姐好好谈一谈你的感受；这意味着，你需要和你的伴侣好好聊一聊如何让婚姻更坚固；这意味着，你需要做很多让你觉得不舒服的事情；这意味着，你需要照顾好你的孩子们，而不是只为了片刻的宁静就满足他们的所有要求；这意味着，你要像一个教练一样，用智慧和决心去带领你的团队，而不是盲目地做一个拉拉队队员；这意味着，你既要成为自己的教练，也要成为自己的拉拉队队员；这意味着，你要好好对待自己，但同时也要挑战自己，逼自己去成为更好的人！

你需要做很多事情，这其中没有一件事是简单的。让你到达你的目的地的最简单、最快的方式，是不要放弃你自己。当你站在长跑的起跑线前时，你会感受到很大的压力，会觉得跑到终点线（这次不要放弃）好像是一个很艰难的挑战。但如果你相信自己，你就可以做到！你听说过关于怀疑的那句谚语，对吧？毁掉梦想的是怀疑，而不是失败。相信你自己，你会让你拥有一次次站起来的力量。

你要提醒自己：这就是我。你应该每天提醒自己一次，如果你觉得压力太大，那我希望你每小时提醒自己一次。

记得我之前写过要幻想你最好的样子吗？这是你的内在，你的灵魂已经知道你是什么样的人了，所以它才会一直提醒你，祈求你听听它的想法。你的"如果……"问题就出自这里。它会让你因为没有实现目标而难受，因为你知道，在"如果……"的另一面等着你的是一个更好的自己，一个更好的生活。

真正的你注定要实现更多想法，而这是由你自己决定的，这是你注定要成为的样子。而成为真正的你的第一步，首先是不要为你自己有梦想而道歉。

Lady Gaga① 唱过："亲爱的，你生来如此。"你的任务不是

---

① Lady Gaga，美国女歌手、词曲作者、演员。

融入任何人的理想生活，你的任务是相信你自己，并相信你的能力。你应该毫无歉意地做自己，让世界看看，当一个女性挑战自己去做更伟大的事情时，会发生什么。不要为了你自己原本的样子而道歉，你可以成为你注定要成为的人。

致谢

我总是以感谢开始这一部分。

谢谢我的代理人凯文·里昂支持我的写作事业。很难相信我作为一个作者能走这么远，这很大程度上归功于你的见解和智慧。还有，你总是在我提出一个关于构建世界或者魔幻现实的想法时，毫不保留地击碎我的梦想。总有一天我会写出来的，凯文，总有那么一天。

谢谢布莱恩·汉普顿和尼尔逊出版社，以及哈珀柯林斯出版社的团队，我们一起努力让《女孩，醒一醒》这本书取得了成功：珍妮·鲍姆加特纳、杰西卡·王、布丽吉塔·诺特克、斯蒂芬妮·崔斯纳、莎拉·布朗恩和营销团队的每一个人，是你们把我的作品摆上零售合作商的书架，并回复我那些烦人又过份的邮件。

谢谢杰夫·詹姆斯和哈珀柯林斯的领导团队，你们是业内工作最努力的团队。你们虽然人数不多，但却足够强大。

虽然听上去会有点蹩脚，但我还是要感谢我的导师们。他们不知道我是谁，但他们的作品让我得以改变我的生活和事业，我永远感激他们为像我这样的梦想家提供的指导：戴夫·拉姆西、奥普拉·温弗瑞、约翰·C.马克斯韦尔、基思·J.坎宁安、伊丽莎白·吉尔伯特、菲尔·奈特、碧昂斯、埃德·迈利特、布兰登·布尔哈尔德。此外，我还要特别感谢托尼·罗宾斯。如果我作为一名作家影响了你的生活，是因为这些导师影响了我的生活。

感谢我的孩子们，杰克逊·凯奇、索亚·奈利、福特·贝克和诺亚·伊丽莎白。我希望你们追寻的梦想可以点燃你们内心的激情，我也希望我的生活方式能让你们相信，万事皆有可能。

和往常一样，我把最重要的感谢放在最后。

戴夫·霍利斯——你是我的试金石，我的拉拉队队员，也是我生活中从没有出现过的看门人。你也是我的商业合作伙伴。在我写这本书的过程中，我们彼此的信任更加坚实。我们把家庭和公司从奥斯汀搬到了洛杉矶，你辞去了在迪士尼十七年的工作，放弃了别人做梦都想得到的职位和薪水。你做的这一切是因为你和我一样相信我们的未来。我们希望我们的公司能给人们带去改变生活的工具和灵感。这是一个宏大的理想，也是我们的使命。但没有你，我不可能做得到这一切！

关于作者

瑞秋·霍利斯是《纽约时报》和《今日美国》排名第一的畅销作者，顶尖的商业播客主，也是世界上最受追捧的演讲者之一。作为一名畅销书作家和一位非常成功的生活类网红，她拥有上百万的社交媒体粉丝。她是一位有四个孩子的职场妈妈，并为此感到自豪。她热爱得克萨斯州的家。

关注她的Instagram（她最喜欢的社交媒体）账号@MsRache-lHollis。如需了解更多，请登录TheHollisCo.com。